U0208899

缙云烧饼制作技艺

缙云烧饼制作技艺

总主编 陈广胜

李虹 丁若时 赵佳敏
马丁云 陈汇丽 编著

浙江古籍出版社

前言

浙江省文化广电和旅游厅党组书记、厅长 陈广胜

中华文明在五千多年的历史长河里创造了辉煌灿烂的文化成就。多彩非遗薪火相传，是中华文明连续性、创新性、统一性、包容性、和平性的生动见证，是中华民族血脉相连、命运与共、绵延繁盛的活态展示。

浙江历史悠久、文明昌盛，勤劳智慧的人民在这块热土创造、积淀和传承了大量的非物质文化遗产。昆曲、越剧、中国蚕桑丝织技艺、龙泉青瓷烧制技艺、海宁皮影戏等，这些具有鲜明浙江辨识度的传统文化元素，是中华文明的无价瑰宝，历经世代心口相传、赓续至今，展现着独特的魅力，是新时代传承发展优秀传统文化的源头活水，为延续历史文脉、坚定文化自信发挥了重要作用。

守护非遗，使之薪火相续、永葆活力，是时代赋予我们的文化使命。在全省非遗保护工作者的共同努力下，浙江先后有五批共241个项目列入国家级非遗代表性项目名录，位居全国第一。如何挖掘和释放非遗中蕴藏的文化魅力、精神力量，让大众了解非遗、热爱非遗，进而增进文化认同、涵养文化自信，在当前显得尤为重要。2007年以来，我省就启

动《浙江省非物质文化遗产代表作丛书》编纂出版工程，以“一项一册”为目标，全面记录每一项国家级非遗代表性项目的历史渊源、表现形式、艺术特征、传承脉络、典型作品、代表人物和保护现状，全方位展示非遗的文化内核和时代价值。目前，我们已先后出版四批次共 217 册丛书，为研究、传播、利用非遗提供了丰富详实的第一手文献资料，这是浙江又一重大文化研究成果，尤其是非物质文化遗产的集大成之作。

历时两年精心编纂，第五批丛书结集出版了。这套丛书系统记录了浙江 24 个国家级非遗代表性项目，其中不乏粗犷高亢的嵊泗渔歌，巧手妙构的象山竹根雕、温州发绣，修身健体的天台山易筋经，曲韵朴实的湖州三跳，匠心精制的邵永丰麻饼制作技艺、畲族彩带编织技艺，制剂惠民的桐君传统中药文化、朱丹溪中医药文化，还有感恩祈福的半山立夏习俗、梅源芒种开犁节等等，这些非遗项目贴近百姓、融入生活、接轨时代，成为传承弘扬优秀传统文化的重要力量。

在深入学习贯彻习近平文化思想、积极探索中华民族现代文明的当下，浙江的非遗保护工作，正在守正创新中勇毅前行。相信这套丛书能让更多读者遇见非遗中的中华美学和东方智慧，进一步激发广大群众热爱优秀传统文化的热情，增强保护文化遗产的自觉性，营造全社会关注、保护和传承文化遗产的良好氛围，不断推动非遗创造性转化、创新性发展，为建设高水平文化强省、打造新时代文化高地作出积极贡献。

目录

序言 PREFACE

“炉传三百世，饼香五千年。”缙云是浙江省首个“小吃文化地标城市”，其中以缙云烧饼最为著名。缙云烧饼是中华名小吃、全国乡村特色产品，也是缙云老百姓最喜欢的一道传统美食，已经有650多年历史。相传轩辕黄帝在缙云山鼎湖峰上架炉炼丹，腹中饥饿之时以面团贴于丹炉壁上烤饼充饥。轩辕黄帝驭龙飞升后，百姓纷纷以陶土模仿丹炉，制造陶炉烤面团食用，创造了独具特色的烧饼桶和后来闻名于世的缙云烧饼。传说无从考证，但史上元末明初烧饼制作技艺就已在浙中一带盛行。一代又一代的缙云烧饼师傅挑着烧饼桶走街串巷、谋生糊口，一辈又一辈的缙云人吃着馄饨烧饼长大成人、走向外面的世界，可以说一个金黄色的烧饼加一碗鲜香的馄饨，就是缙云人心中最深的乡愁。

2013年，缙云县委、县政府启动“缙云烧饼”品牌化建设，先后成立“烧饼办”，开办“烧饼班”，举办“烧饼节”，制定管理制度，落实资金补助，大力推动缙云烧饼品牌化、市场化、产业化发展。经过近10年时间的努力，一个小小的烧饼走红大江南北、走向世界各地，累计在全球开出8000多家店铺，覆盖了美国、意大利、西班牙、阿联酋等16个国家和地区，从业人数超4万人，年产值超30亿元，成为名副其实的乡愁饼、养生饼、富民饼。2021年，缙云烧饼制作技艺被列入第五批国家级非物质文化遗产项目名录。

习近平总书记指出，要扎实做好非物质文化遗产的系统性保护，更好满足人民日益增长的精神文化需求，推进文化自信自强，讲好中华优秀传统文化故事，推动中华文化更好走向世界。当前，各地都在制定当地的非遗系统性保护方案和计划，擦亮非物质文化遗产的“金字招牌”，着力打造历史文化传承保护、文旅深度融合和乡村全面振兴的新引擎。本书详细记录了缙云烧饼的历史渊源、制作技艺和品牌建设历程。希望此书的出版，能够通过缙云烧饼制作技艺这一非遗传承保护和弘扬发展的经典案例，带动更多人加入非遗的保护利用中来，挖掘地方特色和优势，把散落乡间的特色资源活化、转化、产品化、市场化，走出更多“蚂蚁雄兵式”的乡愁产业富民之路，为推进中国式现代化的探索与实践提供更多创新、创造、创变、创富的鲜活缙云经验。

中共缙云县委书记　王正飞

2023年1月

佛陀

一、概况

从史籍记载得知，轩辕黄帝的孩子又与『吃』有着相当的历史渊源和文化内涵。随着历史的演进，包括缙云烧饼在内的缙云小吃不仅成为特色鲜明的风味美食，它的制作技艺更是一份彰显缙云深厚文化底蕴的珍贵遗产。

一、概况

缙云县是浙江省丽水市下辖的一个县，位于浙江省南部腹地、丽水地区东北部，分别与仙居、武义、磐安、永康、永嘉、青田和丽水市区毗邻，面积 1503.52 平方公里，县人民政府驻地五云街道。缙云县地势自东向西倾斜，东半部群峰崛起，地势高峻。东北部的低中山，东南部的中山，南部海拔千米的大洋山，北部的河谷盆地和中部的广阔丘陵，构成全境地形呈三面环山的“V”字特征。主干水系好溪自东北向西南斜贯穿境入丽水，在境内长 66.11 公里。

缙云县历史悠久，源远流长，因境内缙云山而得名。春秋战国时属吴越，秦代分属会稽郡、闽中郡。西汉时为会稽郡地，分

缙云县城老城区图

属乌伤县。东汉初改回浦为章安。汉末建安四年（199），分章安县南乡置松阳县，缙云地分属乌伤和松阳两县。自三国吴赤乌八年（245）起，与永康县、临海郡、松阳县、东阳郡等郡县历数次交替拆分并合，至隋开皇九年（589）置括苍县、处州，再置括州，后又东阳、婺州、永嘉郡交替轮置。唐武周万岁登封元年（696），再置缙云县，属括州。五代至两宋，缙云为处州属县。元至正十九年（1359），朱元璋占处州，改处州府，缙云县属之。明、清时，缙云县属处州府。清宣统三年（1911）处州成立军政分府，缙云县属之。民国三年（1914），缙云县属瓯海道。十六年（1927）废道制，缙云县直属浙江省。1949 年 5 月，缙云县解放。10 月，第七专区改为丽水专区，缙云县属之。1952 年 1 月后，缙云县先后分属丽水专区、金华专区和丽水地区。2000 年 7 月，建地级丽水市，缙云县属之。

"缙云"一词最早出现在春秋末期的《左传》："缙云氏有不才子，贪于饮食，冒于货贿，侵欲崇侈，不可盈厌……天下之民以此三凶，谓之饕餮。"意思是说缙云氏有个不成才的儿子，贪图天下的饮食货贿，胃口大得惊人，贪得无厌……因此老百姓称他为"饕餮"。《史记正义》载："黄帝有熊国君，乃少典国君之次子，号曰有熊氏，又曰缙云氏。"可见，缙云氏就是轩辕黄帝的一个名号。

从史籍记载得知，轩辕黄帝的孩子又与"吃"有着相当的历

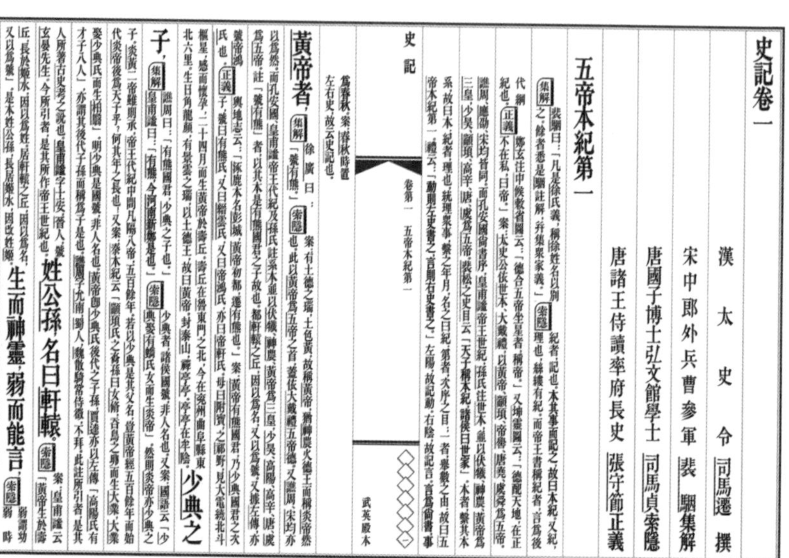

史記卷一

漢 太 史 令 司馬遷 撰

宋中郎外兵曹參軍 裴 駰集解

唐國子博士弘文館學士 司馬貞索隱

唐諸王侍讀率府長史 張守節正義

五帝本紀第一

集解 裴駰曰：「凡是徐氏義，稱徐姓名以別之。餘者悉是駰註解，幷集衆家義。」 索隱 紀者，記也。本其事而記之，故曰本紀。又紀，理也，絲縷有紀。而帝王書稱紀者，言爲後代綱紀也。 正義 鄭玄注中候敕省圖云：「德合五帝坐星者稱帝。」又坤靈圖云：「德配天地，在正不在私，曰帝。」案：太史公依世本、大戴禮，以黃帝、顓頊、帝嚳、唐堯、虞舜爲五帝。譙周、應劭、宋均皆同。而孔安國尚書序，皇甫謐帝王世紀，孫氏注世本，並以伏犧、神農、黃帝爲三皇，少昊、顓頊、高辛、唐、虞爲五帝。裴松之史目云「天子稱本紀，諸侯曰世家」。本者，繫其本系，故曰本。紀者，理也，統理衆事，繫之年月，名之曰紀。第者，次序之目。一者，舉數之由。故曰五帝本紀第一。禮云：「動則左史書之，言則右史書之。」左陽，故記動；右陰，故記言。言爲尚書，事爲春秋。案：春秋時置左右史，故云史記也。

史記 卷第一 五帝本紀第一 一 武英殿本

黃帝者，集解 徐廣曰：「號有熊。」 索隱 案：有土德之瑞，土色黃，故稱黃帝，猶神農火德王而稱炎帝然也。此以黃帝爲五帝之首，蓋依大戴禮五帝德。又譙周、宋均亦以爲然。而孔安國、皇甫謐帝王代紀及孫氏註系本並以伏犧、神農、黃帝爲三皇，少昊、高陽、高辛、唐、虞爲五帝。註「號有熊」者，以其本是有熊國君之子故也。都軒轅之丘，因以爲名，又以爲號。又據左傳，亦號帝鴻氏也。 正義 輿地志云：「涿鹿本名彭城，黃帝初都，遷有熊也。」案：黃帝有熊國君，乃少典國君之次子，號曰有熊氏，又曰縉雲氏，又曰帝鴻氏，亦曰帝軒氏。母曰附寶，之祁野，見大電繞北斗樞星，感而懷孕，二十四月而生黃帝於壽丘。壽丘在魯東門之北，今在兗州曲阜縣東北六里。生日角龍顏，有景雲之瑞，以土德王，故曰黃帝。封泰山，禪亭亭。亭亭在牟陰。少典之子，集解 譙周曰：「有熊國君，少典之子也。」皇甫謐曰：「有熊，今河南新鄭是也。」 索隱 少典者，諸侯國號，非人名也。又案：國語云「少典娶有蟜氏女，生黃帝、炎帝」。然則炎帝亦少典之子。炎黃二帝雖則相承，帝王代紀中間凡隔八帝，五百餘年。若以少典是其父名，豈黃帝經五百餘年而始代炎帝後爲天子乎？何其年之長也！又案：秦本紀云「顓頊氏之裔孫曰女脩，吞鳥之卵而生大業，大業娶少典氏而生柏翳」。明少典是國號，非人名也。黃帝即少典氏後代之子孫，賈逵亦以左傳「高陽氏有才子八人」，亦謂其後代子孫而稱爲子是也。譙周字允南，蜀人，魏散騎常侍徵，不拜。此註所引者，是其人所著古史考之說也。皇甫謐字士安，晉人，號玄晏先生。今所引者，是其所作帝王世紀也。姓公孫，名曰軒轅。索隱 案：皇甫謐云「黃帝生於壽丘，長於姬水，因以爲姓。居軒轅之丘，因以爲名，又以爲號」。是本姓公孫，長居姬水，因改姓姬。生而神靈，弱而能言，索隱 弱謂幼弱時

《史记》关于黄帝的记载

轩辕黄帝

史渊源和文化内涵。随着历史的演进，包括缙云烧饼在内的缙云小吃不仅成为特色鲜明的风味美食，它的制作技艺更是一份彰显缙云深厚文化底蕴的珍贵遗产。

【壹】烧饼制作的传说及其历史渊源

缙云烧饼的出现与缙云悠久的人文历史、深厚的地域文

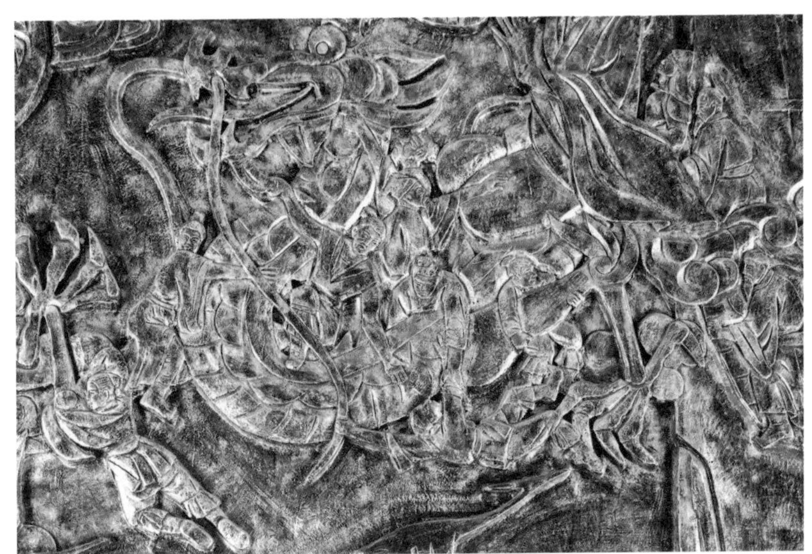

黄帝驭龙升天图

化密不可分。缙云是浙中南重要的人文生态城市，非物质文化遗产资源十分丰厚，黄帝祭典、张山寨七七会、缙云杂剧、缙云婺剧等列入国家级、省级非物质文化遗产名录项目。丰富的农业物产、淳朴的民俗民风推动了餐饮文化朝多品类多样化方向发展。

传说轩辕黄帝当年在仙都鼎湖峰架炉炼丹，非常专注，连吃饭都不离开一刻。黄帝如此，随从们更不敢离开半步。但人是铁饭是钢，一餐不吃饿得慌啊！于是黄帝和随从们饿了就抓一块面团，贴在丹炉壁上烤着吃。轩辕黄帝驭龙升天后，当地百姓就用陶土模仿黄帝的丹炉，制造陶炉，烤面团食用。经过长期的演变和不断改进，缙云的百姓终于创造出了独特的烧饼桶，烤出美味

的烧饼。据传，为了纪念黄帝缙云氏，百姓就把这种在炉壁上烤制的饼，叫作“缙云烧饼”。

传说在元末，朱元璋义军将领胡大海攻婺州，久攻不下，朱元璋亲往督阵于城西，大破元兵，婺州守将出降。奇怪的是，城破的“先一日，城中人望见城西五色云如车盖，以为异”，消息传到朱元璋耳里，视为吉兆，又知离婺州不远的缙云，古来亦称“五云”，且有黄帝升仙鼎湖传说，是个龙兴祥瑞之地。朱元璋认为“五色云”的呈现，是上天指引自己必须前去祭祀，方能成就大业。但当时缙云还属元兵控制，朱元璋只得易服潜访，祭祀轩辕黄帝。其间得以品尝缙云烧饼，觉得十分可口，此后竟念念不忘。朱元璋登基做了皇帝后，立即派人到缙云挑选师傅，带回宫中专做烧饼。有一天早上，朱元璋正在吃烧饼，才咬下一口，宫内太监报说刘基（伯温）求见。朱元璋想，刘基每每神算，用兵如神，这次不妨再小试他一番。于是将吃了一口的烧饼用碗盖了起来。刘基礼毕坐定，朱元璋问：“先生深明数理，可知碗内何物？”刘伯温掐指轮算一番，答道：“半似日兮半似月，曾被金龙咬一缺。依臣算来，乃烧饼是也。”朱元璋赞叹不已，遂成著名的隐语预言歌谣《烧饼歌》流传于世，至今被人视为神撰。虽说刘基运筹帷幄、神机妙算是世所公认，但这次猜中烧饼，故弄玄虚的可能性更大。因刘基早年在离缙云不远的青田石门洞读书，后又有明代的郑葇

燒餅歌

明 劉伯温先生原著 後學餘姚謝□翘註釋

明太祖一日在內殿，適食燒餅一口，內侍報軍師劉基見駕，帝乃以蓋覆之，始召基入，禮畢，帝問曰，先生能知過去未來之事，可知蓋內有何物否？基屈指算能，對曰，『半似日兮半似月，定是金龍咬一缺』，開蓋果然，帝因問曰，天下後來之事如何，朱家天下可長享否？基對曰，我主萬子

燒餅歌 一

刘伯温《烧饼歌》

（民间称“郑国师”）等诸多缙云朋友，加上刘基在缙云雅宅娶了一房陈姓妻室，故对缙云烧饼再熟悉不过。当然，《烧饼歌》只是个故事传说，还说不清楚缙云烧饼的历史来源。

元末，壶镇棠慈（今缙云唐市）朱和避祸逃亡，四处流浪，途中不得食，偶得一些面，找到一个无底破罐，就生一堆火，罐套火上，将面加水和成面团，贴在陶罐壁上烤熟，充饥度日，且烧饼香气四溢、食之有味。风波过后，朱和避居在堰沽花园（今缙云元古村）。为生计，回味逃难时的陶罐烧面团，尝试开发此技。向陶器窑定制一个肚大两头空的炉芯，利用小麦磨成的面粉和当地菜干为原料，以陶制炉芯烧烤面饼。面饼色泽黄亮、香酥可口，让人吃了回味无穷，从此广开销路。之后，因烧饼制作工艺、器具简便，于是在壶镇一带流传，并逐渐盛行，称为烤烧饼。壶镇《棠溪朱氏宗谱》也有相同的记载：“元末明初，辉四公朱奕（朱盛孙）与子朱和（字良惠）生于 1330 年，卒于 1403 年，就析居元古，诗礼传人，仁善服人，勤俭治家，破罐堆火烤面团，此

朱氏祖先朱奕烤饼场景图

乃酥香烧饼之雏形……”朱氏后裔朱德唐为壶镇“朱家烧饼”第一代传承人，熟练掌握缙云烧饼烤制技艺，长期跟随戏班跑场售卖烧饼。

在缙云民间，还有老窑工发明烧饼之说。缙云自古就有烧砖瓦、烧木炭的传统，山民们靠山吃山，维持生计。20世纪六七十年代，有很多缙云人前往江西、福建等地做此营生。相传，他们的祖先在砖瓦、木炭烧好后，必须夜以继日地出窑。而窑虽经冷却，其内壁仍然很烫。窑工们为了既不误工，也不误餐，于是在出窑前就和面捏成团，将其贴在窑壁烤熟，饿了就以此充饥。后

从事砖瓦烧制的老窑工

来，他们又加入饼馅改善口味，使得这些饼更加香气扑鼻。随后，聪明的砖瓦工就试着烧制形似窑壁的炭炉，烤起烧饼。经过反复试制、改进，窑工们传承发展了烧饼制作的一整套技艺。

由于民俗食物的不确定性和史籍记载的缺失，很难考证缙云烧饼的起源，但我们通过回溯烧饼的发展史，还是可以找到一些蛛丝马迹。据学者考证，烧饼的前身就是中国历史上出现的炉饼和后来撒上芝麻烘烤而成的胡饼，胡饼就是最早的烧饼。

汉唐时期，许多西域人通过丝绸之路迁居长安，带来了许多中亚特色的食物，其中一种就是胡饼。这种饼不是放在笼屉里蒸制，而是先用面粉和水制成饼坯，上面再撒一些芝麻（当时叫胡麻），然后放在火上烤或炉子上烙熟。因为饼上有芝麻，所以也叫麻饼、胡麻饼、抟饼。这种胡饼外酥里嫩，香脆可口，成为长安吃货们追捧的美食。《续汉书》称“灵帝好胡饼，京师皆食胡饼”。东汉刘熙在《释名》一书中解释为：“饼，并也。溲面使合并也。胡饼，作之大漫冱也，亦以胡麻着上也。”溲，就是浸泡，和面的意思；“漫冱”，指形状大而平整；胡麻，是一种植物种子，富含

油脂，《汉语大词典》解释为：“胡麻，即芝麻，相传张骞得其种于西域，故名。”魏晋以后，随着面粉加工手段的进步，饼的做法更多。北魏农学家贾思勰的《齐民要术·饼法》中记载的面食更是超过20种，有蒸饼、汤饼、胡饼、烧饼、髓饼、乳饼、膏环等。当时的饼主要有以下四种，火烤的叫烧饼，蒸的叫蒸饼，烙的叫胡饼，煮的叫汤饼。《齐民要术·饼法》第八十二《食经》专门介绍烧饼的做法：“作烧饼法：面一斗，羊肉二斤，葱白一合，豉汁及盐，熬令熟，炙之。”这应该是我国烧饼制作技艺的最早文字记录。农史学家石声汉注：“这里所谓的‘烧饼’，该是现在的‘馅饼’。”这种烧饼做法一直沿用到唐代。北宋司马光《资治通鉴》记载，安史之乱，唐玄宗与杨贵妃出逃至咸阳集贤宫，无所果腹，宰相杨国忠去市场买来了胡饼呈献。当时长安做胡麻饼出名的首推一家叫辅兴坊的店铺。白居易离开京城去外地做官，还念念不忘长安的胡饼。他曾写过一首诗《寄胡饼与杨万州》：“胡麻饼样学京都，面脆油香新出炉。”可见白居易也以胡饼解馋。胡麻饼的做法是取清粉、芝麻、五香、盐、面、清油、碱面、糖等为原辅料，和面发酵，加酥入味，揪剂成型，刷糖色，粘芝麻，入炉烤制，因而白居易说“面脆油香”，此做法与现代烧饼做法已所差无几。

宋代陶穀的《清异录》一书记载：“（唐）僖宗幸蜀之食，有宫人出方巾包面粉升许，会村人献酒一提，偏用酒浸面，敷饼以进，嫔嫱泣奏曰：‘此消灾饼。’乞强进半枚。”说的是黄巢农民起义，兵逼长安，唐僖宗仓皇出逃，没有吃的，宫女拿宫中带出的一点面粉，用村里人送的酒，一起和面，先在锅内烙，后在炉内烘熟，做烧饼拿给僖宗吃，说这是消灾的饼，僖宗勉强吃了半块。这种先烙后烤的方法和现在相同。“消灾饼”不用芝麻，大概就是现在的火烧饼。

南宋时期，包括烧饼在内的典型北方面食有百余种，千层饼、月饼、炙焦金花饼、乳饼、菜饼、胡饼、牡丹饼、芙蓉饼、熟肉饼、菊花饼、梅花饼、糖饼等不一而足。《东京梦华录》载，武成王庙海州张家、皇建院前郑家，每家有五十余炉。五十几个炉子一起烙饼，规模空前，前所未有。周密《武林旧事》列举了数十种饼，第四十二种为“烧饼”，还讲到一种叫“七色烧饼”，可见当时烧饼品种并不单一。宋人喜欢吃饼，也爱烧饼，烧饼在宋代极受热捧，以至于在演艺界（瓦子）演出的简短杂剧名称也用烧饼命名，称之为“烧饼爨”。“爨”是在宋杂剧、金院本中某些简短表演的名称，类似现代的段子。

据出土文物考古发现，缙云人种植烧饼原料小麦的历史十分悠久。南宋孝宗时期，为确保都城临安（今杭州）和南迁北人的面食需求，执政者曾在乾道七年（1171）和淳熙七年（1180）两次下令两浙、江淮、湖南、京西路等地，借种与民、劝民种麦、赏罚官吏，种植面积大幅度增长，小麦获得了丰收，乃至“仓庾不能贮”（见徐松辑《宋会要辑稿·食货》）。宋人庄绰《鸡肋编》记载，江浙等地所种小麦，不减淮北。地处浙中南的处州缙云离都城临安并不太远，实施政令比浙江以外的地区都更为便利。缙云地方官府得到朝廷诏令后，开始劝民种麦，扩大小麦种植面积，小麦种植出现了一个历史高峰。因此，官府的倡导，北方人口喜食饼等面食习惯的传入，让缙云的地域饮食文化发生了重大改变。吴自牧《梦粱录·面食店》指出：“南渡以来，凡二百年，水土既

街头设摊叫卖场景图

惯，饮食混淆，无南北之分矣。”缙云当地农民为改善生活，把烧饼等面食当作点心小吃，慢慢地习惯了饼等面食的餐饮生活。其中烧饼经数百年的演变，形成了具有缙云地方风味的小吃。

一直以来，缙云烧饼大多是在街头设摊叫卖，且大都是壶镇人在经营。清光绪以后，南顿村人李新勇把烧饼面饺门店开到了缙云西乡新建镇。

19 世纪后半期，朱家、鲍家、吕家通过不断实践摸索出了皮薄、馅厚、葱香的烧饼做法，对缙云烧饼进行了改良，以制作香软鲜美口味为目标，使烧饼口感更加细腻可口，回味无穷，深受食客欢迎。

总之，缙云烧饼在缙云境内及周边地区流传，已经有几百年的历史。

【贰】烧饼制作的自然经济条件

缙云隶属于生态环境质量指数连续十年全省第一、全国领先，生态环境满意度连续六年全省第一的丽水市。属中亚热带季风气候区，总体上日照充足，降水充沛，温暖湿润，冬夏略长，春秋略短，四季分明。境内地形起伏较大，气温差异明显，具有“一山四季，山前山后不同天”的垂直立体气候特征。降水梯度变化明显，季节分配突出，地域分区显著，夏秋季多雷雨，雨量特别丰沛。全县年平均气温为 18.3℃，降水量为 1387.7 毫米，日照总

缙云山势地形图

量为 1504.3 小时。缙云境内水系发达，有好溪、新建溪、永安溪，分别是瓯江、钱塘江、灵江的重要源头。由远古火山喷发形成的母质风化而成的土壤，其氮、磷、钾和有机质以及微量元素丰富，加上缙云山区农民有机种植的传统，使土壤更为肥沃可耕。2003 年，缙云被命名为国家级生态示范区；2010 年，被命名为省级生态县。

缙云县用于制作缙云烧饼的原料，是缙云当地的小麦面粉、土猪肉和菜干。因面粉质量好、菜干风味独特、土猪肉味鲜美，辅料芝麻独具异香，是其他地区同类产品无法替代的。

烧饼制作的第一大材料是面粉。近年来，国家鼓励粮食生产功能区保持种粮属性，大力扶持适度规模种植和旱粮生产基地发展，支持耕地地力保护，继续鼓励“机器换人”提高劳动生产率；大力鼓励开展社会化服务及绿色防控技术应用，实行粮食订单收购和奖励政策。缙云县主动参与全省粮食生产功能区建设，在集中连片标准农田基础上改善耕作条件，建设吨粮田规模种植区。通过水利设施、田间道路、农电网络、周边环境配套建设，提升基础设施条件。通过施用有机肥、秸秆还田以及种植绿肥等措施，提高土壤肥力。2021 年，全年完成高标准农田建设项目 0.8 万亩，粮食生产功能区提标改造 1.22 万亩，农作物总播种面积 13.25 万亩，总产量达 0.99 亿斤，亩产 374.8 公斤，同比分别增长 0.4%、12.7%和 12.2%。小麦种植有舒洪、新建、新碧 3 个主要产区，全县小麦种植面积 7900 亩，产量 150 万公斤。发放小麦种植大户扶持补助资金 1338.85 万元。

制作烧饼的第二大原料是土猪肉。缙云县大力发展生猪养殖，

舒洪小麦产区

对规模化猪场养殖普遍推广优良品种、崽猪与肉猪分栏、施行排泄物治理、投喂配合饲料等现代化技术。通过开展养殖贴息贷款和保险支持等措施，全力做好生猪保供。2021 年，全县生猪存栏 6.98 万头，同比增长 11.6 %，出栏 7.89 万头，同比增长 13.1 %。建有万头猪场 2 家，猪场存栏生猪 1.5 万头，占生猪总存栏近 22%。全县生猪定点屠宰场投产使用，年生猪屠宰能力 20 万头。

制作烧饼的第三大原料是缙云的菜干。缙云老百姓自古有自产菜蔬腌制的习俗。《缙云县志》记载:“腌菜（俗称‘生菜’）、菜干（即‘霉干菜’）为当家菜，另有以萝卜制成的菜头芥……为常备菜。”“烧饼……馅入菜干、肉，擀而成饼……满口生香。”做菜干的原材料主要为九头芥菜，早期以零星分散种植为主，近年来随着烧饼产业的发展，菜干用量剧增，人们利用农田开发改造

东方芥菜种植基地

项目建立芥菜种植基地。2021 年全县芥菜种植面积 12000 亩，鲜菜产量 48000 吨，产值 7680 万元。目前规模较大的东方芥菜种植基地，由浙江鑫康顺食品有限公司投资开发，主要从事烧饼原料菜干的生产。该公司采用规模化种植，将传统的制作工艺与现代加工科技结合，产品生态环保，质量上乘，畅销国内外。

缙云拥有得天独厚的地理环境、湿润的气候条件、良好的耕种传统以及“乡愁富民”产业发展政策的实施，为缙云烧饼制作技艺传承保护、品牌建设和产业发展打下了坚实的基础。

【叁】饼乡遗踪与风物

缙云烧饼最初产生于缙云县壶镇镇的朱氏家族，先后涌现出“朱家烧饼”“鲍家烧饼”“土福烧饼”“吕家烧饼”等几个主要家族，再逐步普及到全县乡村。缙云作为一个烧饼之乡，在历史传承过程中，与烧饼相关的空间和制品，由于时代更迭，大部分已经淡出人们的视线；但仔细探究，仍然不难发现一些与烧饼相关的祠堂、古窑址、古街、古村、古桥、老物件等遗踪与风物，这一切都在述说着缙云烧饼的历史故事。

（一）古镇壶镇

古镇壶镇位于缙云县东北部，地处丽水、金华、台州三市和缙云、永康、磐安、仙居“三市四县”交汇腹地，自古占交通要道，人文商贸繁荣。壶镇“上达金衢，下通台温孔道也”，苍岭古

古镇壶镇俯瞰图

驿道穿镇而过，南来北往的过客催生了商贸业的发展，也促成了壶镇老商业街的形成。老街（今之解放街）呈东西走向，路面由大小石块砌成，分上、中、下三段，历史上最热闹的当数中街和下街（今中兴村一带）。这里沿街两侧店铺林立、生意兴隆，是古时壶镇核心的商贸地段。商店有晋昌棉布店、合盛南货店、裕昌、义和百货杂货店，义兴酒肆；药堂有问松堂、太和堂、同仁堂、天一堂，此外还有客栈、饭庄、当铺、茶庄以及负责转送搬运的人等。毗邻中街有个市坛，每逢集市，人山人海，热闹非凡。烧饼铺和烧饼摊穿插其间，生意十分红火。下街到中街的拐弯处有一口神奇的古井，建有两个并列的圆形井栏，故名为“双眼井”，井存水不深，清澈见底。无论干旱多久，都取之不尽，用之不竭。无人取水，也不满溢。双眼井的水质清冽甘甜，冬暖夏凉。炎炎酷夏，小孩身上发了痱子，取井水冲洗几次就消失；寒冬腊月，手脚生了冻疮，井水泡几次就痊愈。当然，聪明的壶镇人自然不会放弃商机，在“双眼井”边开设烧饼铺，利用地名效应，扩大烧饼销量。

“朱家烧饼”“吕氏烧饼”等“烧饼世家”都是出自壶镇朱氏家族和吕氏家族。在改革开放前，上溯至明清民国时期，缙云烧饼基本是由壶镇人烤制经营。此行业历来子承父业，师徒相传，亲戚帮带。清光绪初，南顿村李新勇到西乡新建镇开烧饼面饺店。民国时，李新勇儿子做烧饼发了财，置办了不少田地和房产。据《乡愁的记忆——缙云烧饼》相关文章介绍：壶镇最初烧饼经营出现开店、摆摊、赶台前三种形式。1949 年前，在壶镇有烧饼店四家，其中吕买儿、吕松泉两家烤制的烧饼时常供不应求；烧饼摊

合盛南货店

双眼井烧饼摊

十来家，其中溪沿店大桥头有四五家，溪头老街有四五家，沈宅有一家；赶台前有50多家。此外，壶镇周边的北山、上王、元古共有烧饼的摊、店近50家，其中元古村近40家，占全村户数的十分之二之多。

（二）壶镇窑址群

在壶镇有一个自宋至元烧制青瓷的大溪滩窑址群，为省级文物保护单位，属龙泉窑的一个分支，深受龙泉窑烧制技艺的影响。窑址分布在大垟山、窑山头和至四义门前一带，面积约1平方公里。现存较完整的窑床17条，其中最长的88米，最短的35米。窑前均有小水塘和小平地，为作坊址。周围的遗弃碎片，堆积十分丰富，有各种碗、盏、盘、碟、瓶、罐、碾钵、香炉、大花瓶、油灯盏等。花纹精致，釉色唯美，还有碗内戳印阴文楷书。向西距大溪滩窑址群约500米还有汪姓碗窑山窑址，碗窑山上现存窑床两处，时代亦为宋元。堆积物种类、形状、釉色、胎质、纹饰与大溪滩窑址群器物相似。此外，还有关坛庙村虎山窑址、黄迎祥村后长毛山窑址和曹垟村曹垟遗址等。这些窑址虽然地表没有发现类似炉芯的碎片，但不排除在窑址深层有炉芯的遗存。紧邻大溪滩窑址的东山村（现并入吉安村），是传承数百年的陶器制作专业村。当地盛产的“黄金泥”，是制作烧饼炉芯、菜缸等陶器的上佳原料。东山陶器虽然比较粗砺，但厚重、结实、耐用。最

大溪滩窑址

东山古窑址

早的缸窑建在东山村与宫前村交界处，称前厂缸窑。窑有两个窑洞像人字叉开，一边是宫前人烧制，另一边是东山人烧制。后来黄金泥耗竭，再把窑迁到东山的龙山脚，也就是“龙山窑”。历史上最兴盛时，东山一共有五个缸窑。最后一个民生窑为1949年后启建。

（三）宫前烧饼老铺

烧饼大师李秀广老家壶镇宫前村的烧饼铺子，应该是现在所能看到较早的烧饼铺子。这是一间不起眼的二层楼房，面积20多个平方，店里摆设有一只在缙云最常见不过的烧饼桶，一个烧面饺用的柴火灶，一张加工烧饼使用的面床，一张供制作面饺用的小桌，一个摆放调料香料的柜子，还有一台储存馅料的冰箱。店内一角还堆放有面粉、菜干等原材料。通常情

宫前烧饼老铺

况下，李秀广总在油光发亮的面床前揉面做饼，爱人周瑞贞就坐在小桌前裹面饺，这是一家常见的烧饼夫妻店。这是李秀广自家祖传的房屋，已有200年历史，开店时进行过简单的改建。李秀广在壶镇做烧饼时，上午除了要采购新鲜的猪肉，还要加工食材，生火暖炉，到了中午12点才开始营业。一天下来李秀广要做300多个烧饼，妻子负责做面饺，直到原材料耗尽才打烊。晚上夫妻俩继续和面发酵，准备第二天用面所需。如此循环，除了过年过节，几乎每天如此，雷打不动。

（四）路边摊

20世纪六七十年代，缙云烧饼在路边摊制作与售卖是它的常见形态，也是烧饼制作技艺作为文化现象的根。在缙云境内的老街、祠堂、学堂、集市、古桥等地方都曾有烧饼摊出现。在溪头（今壶镇）北山村和上王村有不少烧饼摊。因烧饼摊流动性比较大，长期摆摊不多，能够留下的遗迹就更少。下图就是当年路边摆摊

壶镇镇解放街

壶镇镇双眼井

五云铁桥亭

五云城隍山脚

五云老车站

五云胜利街

卖烧饼遗迹，分别是壶镇的解放街、双眼井，五云镇（今五云街道）的铁桥亭、城隍山脚、缙云老车站和胜利街等地。

（五）古戏台

缙云古戏台众多，保存完好的有400多个，大多建在氏姓宗祠当中，主要供节日戏、平安戏、还愿戏、开光戏、寿诞戏、请神戏等演出使用，戏台前同时也是烧饼设摊经营的主要场所。在遗存的古戏台中，五云镇官店村古戏台最具代表性。该古戏台建在杨氏祠堂里，已有四百多年历史，其营造技艺列入缙云县非物质文化遗产名录。据记载，官店古戏台建于明朝隆庆丁卯年（1567）。古戏台飞檐翘角的歇山式层顶结构，庄重透逸，悬柱叠

官店古戏台

梁，顶棚内为八角藻井，里面画有“福禄寿喜”“八仙”“三国”等戏文故事，栩栩如生。梁柱之间，精致的木雕牛腿和台基门楣间精美的彩绘，无不透出厚重的气息。戏台正前方两根立柱上撰写着一副苍劲有力的对联：静观世事于斯坐，曲尽人情在此时。

（六）老烧饼担子

仙都景区缙云烧饼文化展示中心，陈列有一副十分醒目的“烧饼担子”，这是缙云烧饼师傅走村串巷营生的老物件。这副烧饼担子大约是民国时期的遗物，是现存较早的烧饼担子。烧饼担子一头是一只烧饼桶，高约 60 厘米，直径 40 厘米，内置一只陶制炉芯。烧饼担子的另一头是一只形似厨柜的小矮柜，分上下两

老烧饼担子

层：上层有两个抽屉，主要放一些小工具和盐、芝麻、糖油之类的辅料；下层是一对开门的小柜，用来存放面粉、肉馅、菜干、葱等原材料。柜上面右侧用铰链合页固定一块大约宽 35 厘米、长 45 厘米的长方形的木板，是烧饼师傅的制作面床。用来搬运饼桶和矮柜的是一根长 150 厘米左右的木质扁担。

（七）永济桥

永济桥又名八字桥，为七孔石拱桥，位于缙云县新建镇老政府西侧，横跨新建溪，南北走向，建于民国七年（1918）。桥长为 75 米，桥面用石板并列铺成，桥两侧不施望柱，但设有护栏和地栿。南北桥头设引桥，即北侧 14 级台阶，南侧 11 级台阶，台阶两侧施有望柱和素面抱鼓石。桥正中拱顶刻有“永济桥”三个楷体字，字迹清晰。桥墩由六块石块纵连砌筑，东立面设六分水雁翅，桥孔为八字形石拱，用九根方形长条石，构成联锁分节并列式斜托。顶拱用10根石梁支撑桥面，斜梁与横梁之间用锁桥石连接固定。

清末缙云太学生赵锡蔡《永济桥游桥杂记》中写到，永济桥落成举行游桥仪式时，当地老百姓在桥上看戏吃烧饼、吃面饺、吃素面、喝烫热的老酒，一幅喜洋洋、乐陶陶的民俗风景："……新建街，早装扮，挂灯结彩喜洋洋。望游桥，真可观，半夜三更到天亮。有两台，好戏班，戏台搭在溪中央。老紫云，上边排，新老紫云拼会场。戏未做，先台场，吹号头来响三弯。敲锣鼓、胡琴拉，唢箫吹响音拉长。叠八仙，出天官，簇新龙袍新盔甲。武打戏，动刀枪，各献武艺赛高强。长知刀，执藤牌，前台后台

新建镇永济桥

甚合场。看戏文，可真忙，眼睛盯着不得闲。搭高台，九楼翻，一时大树插溪滩。……要想吃，点心摊，又是甜来也有香。面饺担，烧柴爿，馄饨热热滚烫酒。山粉羹，杂肚肠，粉干素面胡椒香。过酒坊，老酒尝，花生配酒喷喷香。白糖短，甘蔗长，吃着味道口消洋。炮豆腐，醋油酒，吃到肚里热肚肠。豆腐鳗，辣酱蘸，烧饼包子葱叶香。多现卖，不赊账，半个铜钿也难拖。袋有钱，买来尝；袋无钱，莫去观。……”

（八）东山炉芯

壶镇东山村一带的“黄金泥”十分适合制作饼桶炉芯。“东山（村）那边特制的炉芯，烤出来的烧饼特别香。”这是缙云烧饼师傅对东山炉芯的共同评价。在元末明初，缙云烧饼师傅采用的炉芯是用罐、缸、瓮或坛子敲掉底子做的。东山专门制作炉芯的时间并不可考，存放于缙云烧饼文化展示中心的炉芯，是东山师傅早期制作的一批炉芯，生产时间大约在 20 世纪 30 年代。高度约 50 厘米，底部直径 53 厘米，上炉口直径 25 厘米。

（九）东山菜缸

在缙云，菜缸和水缸是储水和腌制蔬菜的器具，是同一种陶器，只不过用于储水的叫水缸，用于腌制蔬菜的叫菜缸。蔬菜腌制是一种古老的蔬菜加工贮藏方法。缙云传统的水缸、菜缸大小和形状有多种，一般是上大下小的圆台形，敞口。近代又出现一种十分特殊的菜缸，其大小尺寸不等，上口分内外两层，还有一个与之配套的盖。腌制时，在两层中间加水，使腌制品与外界空气隔绝，可以提高腌制品质。缙云早期加工生产的菜干原料九头芥菜腌制过程中，使用的腌菜器物就是东山陶器厂生产的菜缸。上图这口菜缸成品时间大约在清末民初，如今在农家使用十分普遍。这口菜缸高 90 厘米，口径 80 厘米，底部直径为 35 厘米，可以腌制菜干原料 150 公斤左右。

东山烧制的菜缸

（十）风箱

风箱，古称橐和橐龠，是一种手动产生风力为其他设备加热助燃的工具，发明于战国。普遍应用于汉代冶铁，传入缙云主要作为打铁和打铜的工具使用，少有用于烧饼制作时送风助燃。但用于烧饼制作的风箱一般体积较小，结构和功能基本一致。主要由箱体、箱把、箱扇、风筒组成。箱体有圆形或方形，前后各开有方孔，并装有活动的止回页片。侧面下部中间开有圆孔，通过风筒连接烧饼炉的送风口。箱把一般由一根或二根风箱杆连接，用硬木制作，结实耐磨。箱扇略小于内腔，四周用牛筋绳紧紧地箍上一圈鸡毛，起到润滑和密封作用。风筒通常用毛竹去节制作。当拉出箱柄时，后止回页片打开，空气进入箱体，前止回页片关闭。当推进箱柄时，前止回页片打开，空气进入箱体，后止回页片关闭。反复推拉，空气从侧面出气口排出。推拉的频率可以控制烧饼炉的炉温。大型风箱在缙云农村遗存为数不少，但用于烧饼制作的小风箱极为罕见，图中的风箱现存于缙云烧饼文化展示中心。

旧时的风箱

（十一）水碓

水碓，又称机碓、翻车碓，是利用水流作为动力用来磨面、舂米的机具。水碓结构是由水轮、转轴、立轮、石磨、碓头、石臼和橹头组成。水碓的水轮一般架在车轮坑上，轮上装有若干页板，轮轴列贯横木，彼此错开。每个碓用柱子架起一根木杆，杆一端装圆锥形石制碓头，流水冲击水轮，使之转动，轴上横木间打所排碓梢。碓头此起彼落击打石臼里的小麦或谷物，达到脱粒和磨粉之功效。转轴上还有一个拨叉，通过蜗轮蜗杆结构把动力传给立轮，带动高处石磨作业。磨出来的面粉经过橹头进行粗细分离，细的即为成品。20 世纪 60 年代前，临溪的村落几乎都建有水碓，人口较多的大村水碓多至三四处。70 年代，由于电力的逐步普及，村村建有加工站，从此水碓逐步淡出人们的视线。

现在除缙云河阳村有一座水碓房遗存外，缙云胡源乡胡村村、

20世纪30年代缙云县城水碓旧址

水轮

碓臼

石磨

橹头

胡源乡胡源村修复的水碓

大源镇村民利用老水碓构件在新碓址恢复水碓，供人们观赏体验。

（十二）麦磨

麦磨，即石磨，因磨麦较多而得名，是除水碓外的另一种加工面粉的小型石制工具。古代石磨通常用人力或畜力驱动。麦磨由磨爿（转磨、承磨）、磨盘、磨弓和脚架构成。磨爿上扇为转磨，下扇为承磨，两扇磨的接触面都凿磨齿，排列整齐，方向相反。转磨有磨眼供注入小麦或谷物。一侧有磨柄，便于手推或与磨弓连接。承磨中间装有木制磨芯，与转磨中孔相套，防止转磨转动时偏离承磨。磨盘有石制和木制，也有石制与承磨连为一体的磨盘，但无论是木制还是石制，都有个嘴形出口。缙云最常见的麦磨，都不安装磨盘，使用时采用团栲（竹制器具）代替。脚架分两种：带磨盘脚架一般为三脚，不带磨盘的脚架长约四尺，四脚高二尺。

麦磨

（十三）大岩坑、牛大坑古炭窑

缙云烧饼制作用炭，早期采用镬灶做饭余火，经火甏贮藏的木炭，称“火甏炭”。随着烧饼产业的发展，加上火甏炭燃烧效率较低，而逐步被本地炭窑烧制的白炭所取代。新中国成立初期，缙云境内炭窑为数不少，后因封山育林、林木禁止砍伐等原因大部分炭窑闲置，甚至拆除，仅有大岩坑和牛大坑两处遗存。20 世纪六七十年代，烧炭曾经是缙云人出门赚钱谋生的特色行业。浙江省内的宣平、遂昌、汤溪、龙游以及省外的江西、福建、安徽等地都留下缙云烧炭客的足迹。烧炭客吃苦耐劳，起早摸黑，“满面尘灰”“十指黑”，以单独、合伙或雇伙计方式经营。下图是大岩坑、牛大坑的几座烧炭古窑，窑体相对密封，炭窑底部有的开有一个用砖块做成的小通风口，有的挖沟壕做通气孔，形式不同，但都是用来供氧助燃。烧窑时，将大小均匀的硬木锯成长短一致

大岩坑岩窑遗存

大岩坑烧炭古窑

的薪棒，有序地填满整个炭窑，引燃炭窑内的炭原料（原木或薪棒），然后封口，炭窑顶部留出一个大约直径10厘米的出烟口，用来处理烧炭时产生的烟气。烧炭客还通过观察烟气的颜色来判断窑内木材的炭化程度。封窑前还要通过出烟口给炭化好的木炭浇水冷却，才能确保木炭质量。

（十四）炭篓

炭篓，也叫炭篮，是一种用来搬运木炭的人力运输农具。炭篓高约三尺，口径一尺半，圆柱体上部略大，用篾片编织而成。四周有竹筒支撑，上部篓壁有相对的两个洞孔，供柴杠穿插挑担使用。缙云旧时山多地少，种植的粮食难以养家糊口，一大批青壮年劳力外出江西等地以伐木烧炭为生。从深山炭窑出炭到城里市场出售，全靠炭篓装载，人力运输。现在，交通工具发达，遗存的炭篓被束之高阁，做工较为精细的炭篓成为古董玩家争相收藏的佳品。

炭篓

二、烧饼制作技艺及其特征

缙云烧饼经高温烧烤，融麦香、肉香、菜干香、葱香、芝麻香为一体。表皮松脆，肉质软糯，咸淡适宜，油而不腻，香脆爽口。本章主要介绍缙云烧饼传统制作技艺的原材料及配方、技艺流程、技艺特征、制作工具等。

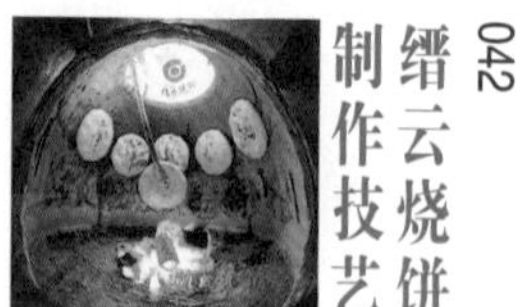

二、烧饼制作技艺及其特征

缙云烧饼经高温烧烤，融麦香、肉香、菜干香、葱香、芝麻香为一体。表皮松脆，肉质软糯，咸淡适宜，油而不腻，香脆爽口。本章主要介绍缙云烧饼传统制作技艺的原材料及配方、技艺流程、技艺特征、制作工具等。

刚出炉的缙云烧饼

【壹】原材料及配方

缙云烧饼的原材料有面粉、猪肉、菜干、糖油、面娘、水、调味品等。这些原料都以一个“土”字为特色，如面粉选用当地生产的小麦磨制而成，猪肉选用农家自养的新鲜土猪肉，糖油采用特殊工艺熬制，烧烤燃料选用当地炭窑烧成的“白炭”。菜干一般选用上乘的九头芥菜干。菜干色呈酱褐、醇香营养，与土猪肉搭配能够增味。

（一）面粉

缙云烧饼制作面粉要求符合小麦粉（GB/T1355-2021）国家标准规定。通常采用中、低筋面粉，其中的蛋白质含有数量值低于 11%，呈粉末状，颜色比一般面粉稍深，触感紧实，用手抓容易形成面团。中、低筋面粉做成的烧饼，口感柔软、香醇。

本地种植的小麦和加工的面粉

两头乌生猪

五花肉

（二）猪肉

缙云烧饼采用的肉馅，以当地饲养的“两头乌”品种为佳，该猪肉料营养价值很高，皮薄骨细、肉质鲜红、肉味香郁、肥而不腻；理化、生化指标均优于其他品种猪。烧饼师傅采用的肉料一般为半精半肥的五花肉，也有采用位于猪脖子与前腿之间的夹心肉和肋骨背部的里脊肉。

（三）菜干

菜干，被烧饼师傅认为是缙云烧饼制作的灵魂。菜干制作以当地菜农种植的九头芥为原料，在每年的 8 月开始育种、9—10 月移栽，到次年的 2—3 月采收，全程不喷施农药。芥菜收割后洗净，经过萎凋、堆黄、清洗、挑选、沥水等环节后，挂在竹竿上晾至半干，将整株芥菜装入符合食品安全标准的腌制菜缸腌制。用盐反复揉捻至盐分渗透菜叶菜梗，加盐量一般为新鲜芥菜的 3.5% ~ 5.0%。先在容器底部均匀洒上一层食盐；然后，铺上一层芥菜再加洒一层食盐，再由穿着专用工作服、脚穿胶鞋的人员进行踩踏，直至渗出少量菜卤；接着，重复铺芥菜、洒食盐、人工踩踏的步骤，层层压实至容器容量的80%～90%；最后，将最上层芥菜压实后均匀洒上食盐，用水袋或清洗干净的石块压实并密封。根据温度不同，腌制时间为7～15天不等，待菜卤出泡，菜坯转为鲜黄即为成熟。完成腌制后，沥去菜坯中的菜卤，菜坯悬挂晾晒于竹杆或晒架上晾晒，直至干燥。经晾晒后的菜坯装入大桶，把烧开的菜卤浇入桶内进行回卤，静置一晚。回卤后的菜坯需再次捞起上架晒干，直到手捻菜叶易碎为止。之后，将菜坯存入瓮中发酵3～6个月。完成发酵后，取菜坯过水，上饭甑高温蒸2小时后熄火焖一晚，再上架晒干。经过三蒸三晒后的菜干呈鲜亮的黑褐色即为成品。当然，也有再进行两蒸两晒的工序，即五蒸五晒。成品菜干香味浓郁，色泽光亮，咸淡适中。近年来，缙云烧饼产业的快速发展，菜干的需求量每年达到了1.5万斤以上。因此，菜干生产在缙云成为继缙云烧饼之后的又一个绿色品牌产业。

菜干成品

（四）糖油

煎制过程中液态糖油

方便贮藏的白白糖

用于烧饼制作的糖油有两种贮藏形式；一种是液态，可以直接使用；另一种是固态，称“白白糖”，可放入米泡或瘪谷中置于冰箱长期保存，但使用时必须加热稀释。糖油对烧饼制作来说，虽然用量不大，但其品质好坏将直接影响烧饼的卖相和口感。糖油的煎制，主要以糯米和麦芽为原料，采用糖化工艺制作而成。制作糖油时间一般是冬季，糯米经充分浸泡后捞出，放入饭甑内蒸熟。陶缸内按一定比例加入热水、麦芽粉，将蒸熟的糯米饭倒入其中，用一根木棒快速搅拌。当温度降至50℃左右，盖好盖子，在缸的周围包上稻草进行保温。经发酵糖化，将米液倒入布袋，压榨过滤。糖水入锅，熬去60%的水分，即可作为液态糖油使用。如果要固态贮藏，即要继续熬制，其间可用两根筷子蘸取糖液，用嘴对准两筷中间吹气，若能成泡且一碰即碎便为最佳。将熬好的糖水倒入事先装有压实炉灰的簸箕内，趁糖液没有完全冷却硬化，挂在糖桩上，不停地牵拉、绕回，再牵拉、再绕回。随着一次次反复拉伸，溶入空气后而慢慢变白，体积也随之膨胀。最后，将打好的白糖放入瘪谷或米泡堆中，拉成细条，用剪刀剪成小段后储存。壶镇的前岙村是白白糖制作的特色村，产品除作为馈赠老人的礼品外，固态糖油也是烧饼师傅制作烧饼的首选。

（五）面娘

缙云烧饼的独特风味主要源于面团的发酵方法。首次制作面娘的原料主要是糯米，米曲或白药（酵母菌）二者选一，米和米曲或白药的比例为 10：1，如果气温低，可以适当提高后者用量。首先要将糯米煮成稀饭，倒入缸中，降温至 50℃～ 60℃后拌入米曲或白药，搅拌均匀，根据环境温度可采用炭火或稻草来保持相对的恒温，让其有充足的时间慢慢发酵。大约经过 12 小时后，缸中液体表面会产生大

制作面娘发酵过程

量气泡，这时通过布袋过滤出来的酵水和面，制作的烧饼会散发出一种淡淡的清香，并伴有独特的甜味。所谓“面娘”，就是首次使用酵水发酵的面团，留下一小块作为下次发酵使用的母料。如此循环反复，达到省工省料的目的。

（六）发粉

即小苏打，要求符合国家相关食用标准。在制作面团时“打碱”使用。

（七）水

缙云烧饼制作用水，通常采用无污染的山泉水，并且符合《生活饮用水卫生标准》（GB/T5749）的规定。水可调节面团稠稀，便于淀粉膨胀糊化，促进面筋生成，促进酶对蛋白质、淀粉的水解，生成利于人体吸收的多种氨基酸和单糖；溶解原料传热介质，制品含水可使其柔软湿润。

（八）调味品

香葱以四季葱为佳，是传统烧饼制作的必备用品。黑芝麻、胡椒粉、糖、味精等则根据烧饼师傅的做法和客人需求存在一定的差异。

【贰】烧饼制作工具

（一）烧饼桶制作

炉芯制作，首先要将晒干的黄金泥脚踏粉碎，剔除石子和杂

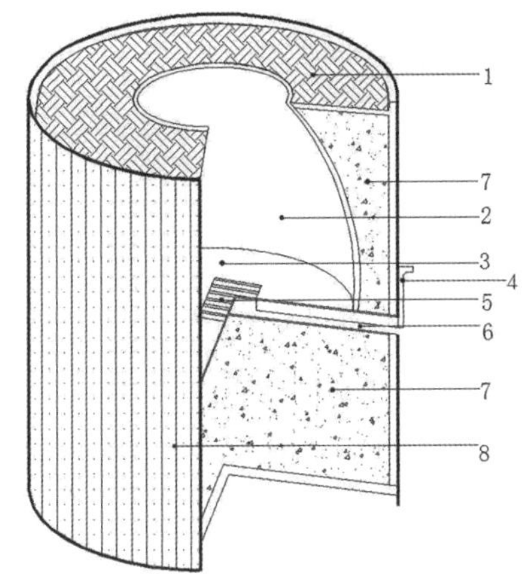

1. 炉台：杉木制作，用来摆放刚出炉的烧饼；
2. 炉芯：陶土炼制，用于烤制时贴放面饼；
3. 炉腔：烤制烧饼时确保炭火温度在腔内均匀辐射；
4. 风门：用于控制炉内温度；
5. 炉栅：用于承载木炭，通过风门为炉腔通风助燃；
6. 炉膛：用于炉腔通风和排放炉灰；
7. 填充物：为珍珠岩膨胀粉，为炉腔保温和外壁隔热；
8. 外壁：杉木制作。

质，加水湿润后，用手揉捏、揉搓直至泥烂熟透。然后用薄膜铺盖存放于阴凉处备用。制作毛坯时，采用自制的切泥工具将熟泥切成片状，用双手将其围成一个圈做成坯脚，再一圈一圈往上加做坯壁。每加一个圈，制作人都要围着泥转好几个圈。做成一个炉芯的粗坯，一共要围着泥转上150个圈。然后将粗坯放在转盘上，手持木片轻轻拍打炉壁，使其夯实、弧线均匀。晾至七分干后移至太阳底晒至干透，再置于特殊的炉窑，经过高温煅烧，出窑后才算成品。随着缙云烧饼产业的发展及在各地的走红，缙云本地或外地学烤烧饼的人越来越多，致使炉芯的需求量大幅度增长，带动了东山村炉芯产业的发展。东山村的朱章火、徐周升、涂忠亮、李土丰等一批制陶艺人，生产的炉芯做工精细、牢固耐

朱章火师傅在做炉芯起脚

涂忠亮师傅制作炉芯泥坯

李土丰师傅对炉胆进行干燥处理

用，厚薄适中、传热均匀，从而使烤制的烧饼特别香脆，产品深受商家喜爱。烧饼师傅不管多远都会带上东山生产炉芯的烧饼桶烤制烧饼。可以说，哪里有缙云烧饼，哪里就有东山炉芯饼桶。

缙云烧饼桶壁通常采用老杉木制作，木纹清晰，涂上透明的桐油，敦厚朴素。炉面由杉木板拼成，叫炉台，边沿竖起成护栏，正中心有直径一尺多的圆孔，叫炉口。烧饼桶的规格有三种，内芯直径60厘米为一号桶，内芯直径50厘米为二号桶，内芯直径42厘米为三号桶。手艺自古至今，除了锯木板加了点小机械，好像没有太多改变。整个流程，基本上还是靠手工操作。先用篾刀将竹篾青削开，剁成三四厘米长的竹梢，用竹梢将钻过孔的壁板相互拼接。拼接成形后，用桶刨刨平，篾丝或钢条围固，最后打磨上漆。

赵瑞琴师傅制作烧饼桶桶壁

根据桶壁大小，选择合适的炉芯，置入桶壁后，中间用隔热保温材料或泥土填充紧实，既能使炉芯受热均匀，又不至于让杉木桶壁烧灼。炉腔

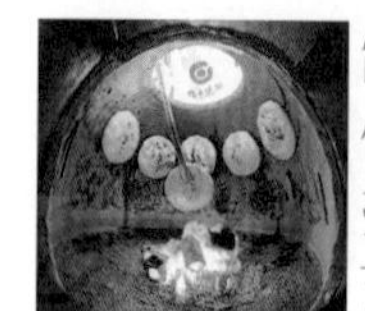

下部四周用泥土填充，中间留有方形炉膛，上置铸铁炉栅，承载生火木炭，同时可以通过风口供氧助燃。通风口开口于炉膛正中，桶壁上安有能上下抽拉的铁制风门，用于炉腔的温度调节和炭灰出入。饼桶上部面板用杉木板拼成圆形平台，中间留有一个直径盈尺的炉口，可以放置一把瓦壶用来烧水。成品的桶壁四周中部均匀安装 4 个铁钮，穿过绳索，即可方便搬运。黄迎祥村的赵瑞琴，10 岁学艺，从事箍桶 60 多年，成为一个地地道道的箍桶匠，他制作的烧饼桶无以计数。

2014 年，缙云县壶镇桃源村有一位做饼桶的师傅叫张云祥，

烧饼桶成品

张云祥发明电热饼桶

电热饼桶获国家专利

对传统的炭火饼桶进行改良，发明了电热饼桶获得了国家专利。将烧饼桶的炉灰通道由镀锌铁皮材质改成不锈钢，在烧火口四周加上泥土砖；炉芯采用电热管塔形结构加热，能确保整个炉腔受热均匀，加装电子控温和炉芯温度显示仪，方便直观。张云祥的创新，解决了烧饼师傅在国内外大中城市经营过程中禁止使用明火带来的不少实际困难和问题。

（二）铁钳

铁钳又称饼钳，是烧饼师傅用来起饼或夹炭生火的工具。铁钳的形制如剪刀，由铁锻制而成，两股交合处有转动装置，开合自如。把手一边闭合，另一边留有 3 厘米左右的

铁钳

开口，可方便地挂靠于烧饼桶壁。钳嘴皮宽而边薄，约 5 厘米。铁钳的长度需根据饼桶的大小确定，通常嘴皮顶到炉栅而把手露出炉台，挂于桶壁嘴皮不能落地。一把好的铁钳，还要夹持牢靠而耐高温不致变形，使用灵活、轻巧方便不致发涩。同样的铁钳，烧饼师傅会同时配备两把，挂于桶边，一把用于起饼，一把用于夹炭，一般不混用。

（三）炉扇

炉扇是烤制烧饼时用来给进风口送风或控制温度的工具。炉扇是用篾片为材料编织而成，呈钻石五边形，上边长约 17 厘米，上部斜边长 7 厘米，下部斜边长 15 厘米。炉扇柄由一根宽 2.5 厘米、长 45 厘米左右的竹片制作，一端利用竹节做鼻子。编制炉扇的篾片宽为 0.7 厘米，编织时，炉扇柄的两边各用 5 根篾条对折后做经，然后在前半部分用 6 根篾片做纬，采用“压二”法进行编织；到下半部分，将做经的篾片收口后改为做纬继续编织，直至全部收口。使用炉扇时，要对着饼炉炉膛发力，轻重得当。煽得太重、幅度太大，炉扇

炉扇

柄容易折断。用力过小、幅度不大，容易导致风力不足炉火不旺。

陶壶

（四）陶壶

陶壶是一种用陶土烧制的盛水器具，在制作烧饼过程中，加水后搁置于炉口，配合进风口的关闭，可以保持炉腔的相对低温和恒温，达到烧饼熟透而不烤煳之功效。壶中的热水还可用于煮制面饺。陶壶形制似茶壶，呈中间大、两头小的圆台形，最大口径处略大于炉口，底部下沉，与炉口吻合紧密。壶口带一同样材料制作的壶盖，壶身上部边有一壶嘴，可方便出水，壶口上方有弧形提把。

（五）面檑

面檑即擀面杖。在烧饼制作过程中，主要用于擀面坯。面檑为木质，大多采用木质较硬且细腻的黄檀木或梨花木制作。面檑由檑子和中轴构成：檑子为圆柱体，长约20厘米，直径约8厘米，表面光滑，中间有直径2厘米的小孔贯穿其中；中轴长约36厘米，两头口径大小分别为3厘米和1.6厘米。使用时，小的一头穿过檑子，两手分别握住两头，檑子转而中轴

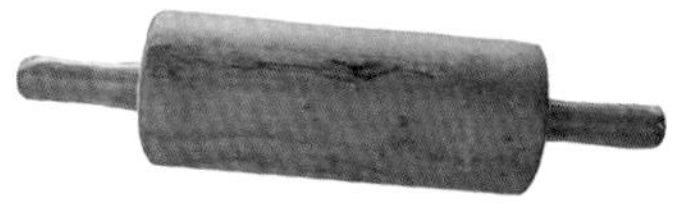
面檑

不转，通过对中轴施压，达到将面坯擀薄擀匀。

（六）面床

古代烧饼担子的简易面床

烧饼门店的不锈钢面床

面床是烧饼师傅完成揉面、搓条、摘饲、剁馅、做饼坯、填馅料等工序的工作台。其形制、材料、大小古今差异很大。旧时，烧饼师傅使用的面床，往往因陋就简，就地取材，形态各异，不一而足。有用卸下的门板，有用长条的桌子，有用半成品杉木板拼接。最小应该是现存在缙云烧饼文化展示中心的老烧饼担子，搁置上面的面床大小不足半平方米，最大的应该是培训基地用来培训使用的不锈钢面床，一般都有 1.2 米宽，1.8 米长，可供 2 至 4 名学员在两侧同时操作。近几年，因政府重视，要求烧饼制作标准化规范化，大多数烧饼示范店都将面床做得十分考究。有特地购置了上好的板材根据门店大小制作了专门的面床，有到厨柜生产厂家订制了不锈钢面床，结实牢固、美观卫生，操作起来挥洒自如、游刃有余，员工围着面床干活，一点也不觉得局促，大幅提高了工作效率。

【叁】烧饼制作技艺流程

缙云烧饼表皮松脆，内质软糯，经高温烧烤融成一气，咸淡适宜，油而不腻，慢慢咀嚼，细细品味，难以忘怀。之所以如此好吃，除了优质的食材外，还因为独到的技艺和烧饼师傅的丰富经验。若要做好一个烧饼，需要经过和面、揉面、发面、饼桶预热、馅料制作、做坯、填馅、成型、刷糖油、撒芝麻、烤饼、起饼出炉等工序，具体流程如下：

（一）和面

根据每天销售烧饼的数量多少，按照面粉和温水 2∶1 的比例，将一定量的面粉放在和面盆里，用筷子或手在面粉中间扎个小洞，往小洞里倒入 80℃～95℃左右适量的水（根据面粉性能和环境温度适当调整）。两手掌心相对，手指末端插入面粉与盆壁接触的外围边缘，用手由外向内，由下向上把面粉挑起；将挑起的面粉推向中间小洞的水里，用手在小洞位置搅拌，把覆盖在水上的面粉和水拌均匀，形成雪花状葡萄形的面絮。在剩余干面粉上扎个小洞，分次倒入适量的水。这个过程需反复多次，才能把所有的干面粉与小洞里

和面

的清水搅拌均匀，整体形成雪花状葡萄形面絮为佳。

（二）揉面

将面娘摘成小块，混入絮状面团中，一手按住面盆，另一手用手掌根部发力，用力挤压形成饼状，再由边缘往中间折叠。反复这个过程，面团会渐渐变得有弹性，表面也变得光滑，而且，随着面筋的形成，面团也开始变得没有那么粘手。此时，在面床上撒上干粉或抹油，将面团从面盆中取出置于其上，用手搓成条状，再从前往后卷起来继续挤压。重复操作，直到面团弹性十足、表面光滑为止。

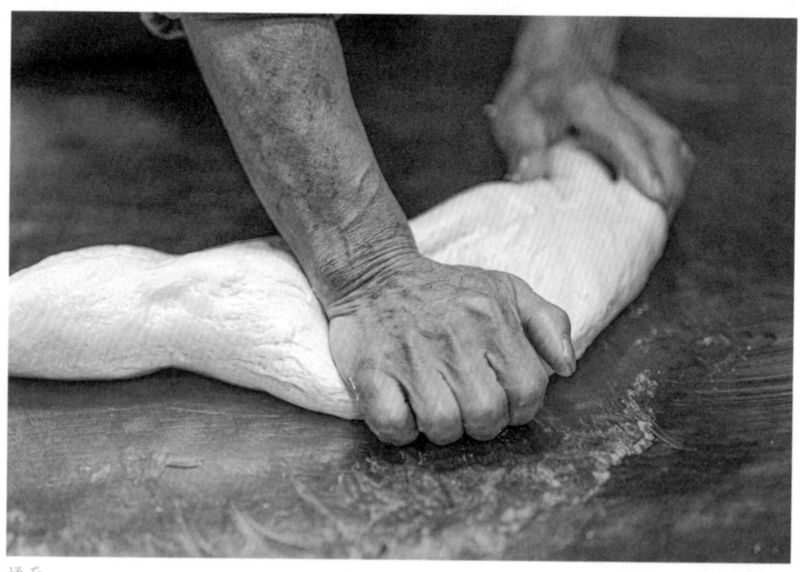

揉面

（三）发面

将面团放入容器，盖上符合食品卫生要求的湿棉布，一般要2～24小时左右（时间的长短根据面娘的用量和环境温度来确定）。面团发酵好的状态是面团表皮光滑，用刀剖开面团，断面呈均匀的蜂窝状气孔，且伴有醉人的酵香和面香。将面团取出放在面板上充分揉制，再将面团揉至光滑后，放入面盆中，盖上保鲜膜，进行二次发酵。当面团内部再次呈现均匀气孔，完整的发面程序才算结束。

发面

（四）烧饼桶预热

用干净湿布对炉腔内壁进行擦洗，清除饼渣残留，再将白炭捣碎成大小均匀的小块，用铁钳从炉口送入炉腔，点燃后，开起炉膛送风口，用风箱或炉扇送风，致白炭完全燃烧至高温，

饼桶预热

对整个炉壁进行预热。烧饼师傅还常常会摘一小块面团，蹭擦炉芯中部，根据面团变黄的时间来判断炉温是否恰当。温度的高低可通过开关送风口炉门、加盖或打开饼桶入口来加以调节，以达到最佳。

（五）馅料制作

缙云烧饼的馅料由五花肉、菜干、香葱组成，肉和菜干的比例为 10∶1，香葱适量即可。将五花肉放在案板上，下刀时要轻，落板时要重，肉与肉之间不能有粘连。先切成肉片，再切成肉粒，大小以 0.5 厘米见方为宜，太小烤饼时容易融化，太大不易烤熟，影响口感。将肉粒盛于盆中，加入菜干和适量调料，但不加食盐，因为菜干中的盐分已经足够馅料的咸度。然后用手轻轻搅拌，使其疏松均匀，切忌捏成肉泥，最后拌入香葱。但在气温较高的季节，因香葱水分较多，容易变质，不宜拌入，要单独存放，入馅时单独添加。

（六）打碱

制作烧饼的面团采用酵水或面娘发酵时，经常会受气温、湿度、时间及配比等因素影响，容易产生酸味，添加适量发粉，反复搓揉均匀，中和面团中酸性物质，称“打碱”。发粉的用量，没有固定的比例，只有积累丰富经验的师傅才能很好地把控，所以“打碱”也成了烧饼师傅能否做好烧饼的秘诀所在。

肉馅制作

打碱

（七）做坯

将打过碱的面团根据用量切一条放在面床上，反复搓揉均匀成条状，用手摘成大小均匀的面段，然后把面段压成中间厚、边缘薄的面坯。做饼坯时，掌握好面坯的厚薄程度十分关键，太薄容易露馅和破碎；太厚会减少入馅数量，影响口味；厚薄不均，容易把饼烤成半生不熟。

（八）填馅

将面坯置于右手手心，填入适量馅料后，左手挤压馅料，右手虎口逐渐收紧，双手配合边捏、边压、边收，直至面坯均匀包裹馅料成球状，这时的面团，称“面坯”。

（九）成型

将所有的面坯做好成圆球

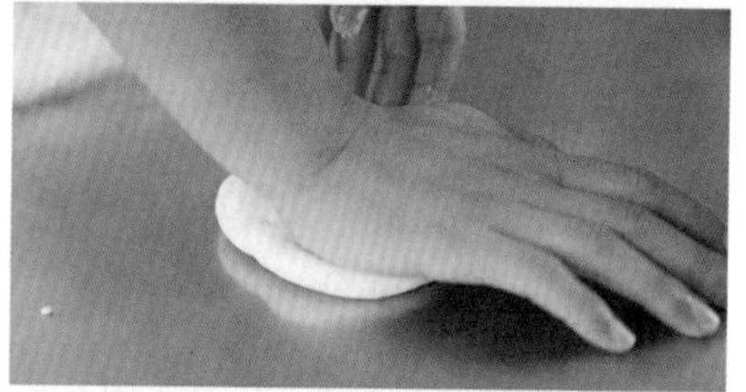

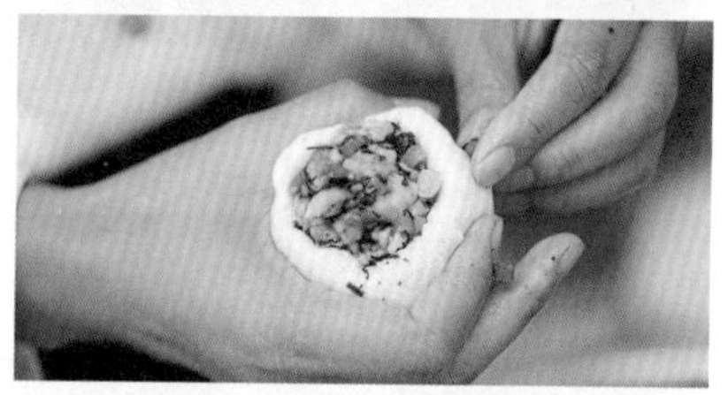

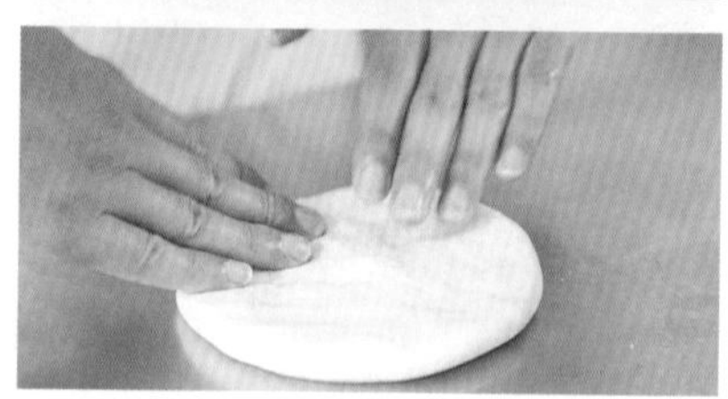

做坯成型

形状，整齐排列在面床上。然后用手掌在圆球形状中心多次轻压成稍扁状，再用面槌擀压正反两面，直至形成馅料分布均匀、两面面坯厚薄基本一致的圆形饼坯。当然也有不少烧饼师傅不用面槌，而是用手直接按压成型。

（十）刷糖油

通常一炉饼坯全部做好，待饼炉炉温合适，即可刷糖油。刷前先把糖油稀释至适中，用符合食品卫生要求的刷子蘸取适量，在饼坯的一面涂抹。糖油必须均匀，太多入炉后容易流失，产生油烟会使烧饼产生异味，太少会影响色泽和口味。

抹糖油

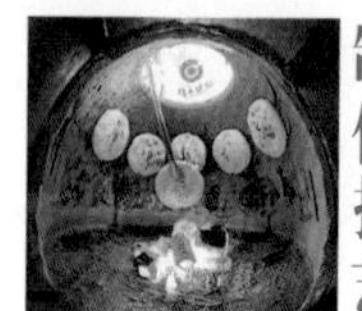

（十一）撒芝麻

撒芝麻

取少量芝麻，均匀撒在涂糖油面，撒上芝麻后，饼坯才算做好。但在缙云烧饼师傅中也有例外，不采用芝麻做香料。如缙云烧饼大师李秀广摒弃了使用芝麻的做法，但其所烤制的烧饼却依然香气扑鼻，松软可口，受到远近食客的追捧。

（十二）烤饼

等炉火一旺，烧饼桶炉壁温度达到 260℃ ~ 290℃左右，先将两个饼坯面对面靠在一起，用右手托起饼坯，左手蘸一点凉水，涂于饼坯背面以去除干粉，再抹湿右手背，弯腰将饼坯送入炉腔。“哧”的一声，饼坯就粘附到炉壁上，这个过程称之为“入炉”。贴饼时动作要快，切忌烫伤。贴入后必须掌控好火候，防止火过旺而饼焦煳，或火太弱而“搁干”。用炭火加温 3 ~ 4 分钟，观察炉中饼面出现金黄色，香味溢出时，表明饼已烤熟。

（十三）起饼出炉

操控烧饼铁钳的两片嘴皮稍稍张开，一片嘴皮贴到已烤熟的饼底轻轻地一铲，另一片嘴皮及时衔拢夹紧，迅速取出。起饼时

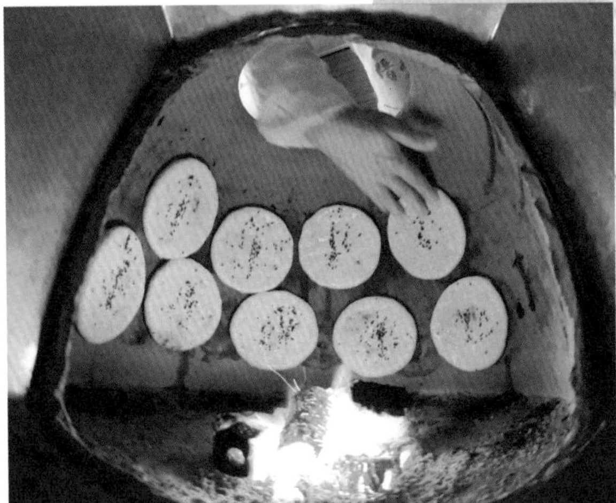

入炉烤饼

出炉的烧饼

则要防止烧饼掉入炉底，粘上炉灰。烧饼出炉后往炉台上一放，排成一圈，既能保温，又能防止受潮。

【肆】烧饼制作技艺特征

缙云烧饼制作技艺历史悠久，传承数百年，延绵不绝，文化内涵丰富，积淀深厚；制作技艺精湛而独到，达到了炉火纯青的地步。从民间老百姓口中普通小吃食品，打造成为中华名小吃的大品牌，缙云烧饼为当地产业富民、乡村振兴作出了杰出的贡献。突出体现如下几大特征：

（一）历史悠久，传承不绝

宋室南迁，面条、饼及有馅饼等北方面食传入南方，同时也传入了缙云。聪明的缙云百姓通过实践，慢慢把烤制的饼食演变形成了具有地方风味的缙云烧饼。壶镇朱氏族谱中，记载朱氏先人朱和流浪途中得到了面粉，用无底破罐烤面团充饥，由此就有了色泽黄亮、香酥可口、广受欢迎的烧饼。清代早期，缙云大多数地方

古代饼炉制作场景

旧时缙云烧饼在街头设摊经营场景

的烧饼摊主要是壶镇人经营。清光绪以后，有人把烧饼面饺店开到了缙云其他地方。中华人民共和国成立初期，缙云烧饼流传本县及邻县乡村，以设摊形式经营。20 世纪 70 年代以来，赵、李、张、鲍等各个烧饼世家的烧饼在缙云境内十分闻名。改革开放后，缙云烧饼师傅挑着特制的烧饼桶远走他乡，以烤饼为生。

近年来，当地政府将传承烧饼技艺当作乡村振兴大产业来抓，创办电大缙云分校和缙云职校壶镇分校烧饼制作培训基地，聘请烧饼大师、高级烧饼师傅等为授课老师，培训学员，带徒授艺。学员除来自省内外，还有俄罗斯人、港台同胞和法国华侨等。主管部门通过编写教材，开展缙云烧饼相关理论、实操、策划、营销等系统化培训，让学员既能做“烧饼师傅”又能当“烧饼老板”。截止 2021 年，已累计培训烧饼师傅 10980 人次。颁发中、高级中

缙云电大烧饼制作培训基地培训现场

式面点师职业资格证书 530 人，缙云烧饼二级技师 10 人，成功培育中级缙云烧饼师傅 250 人、高级缙云烧饼师傅 280 人、缙云烧饼大师 10 人。他们在全国各地开出示范店 661 家，摊点 8000 多家。

由此可知，缙云烧饼的历史，在民间至少传承发展了几百年。缙云烧饼制作技艺传承脉络清晰，数十代形成了家庭家族传承、亲戚老乡传承、师徒传承的格局，从未间断。这在其他餐饮类文化传承中，只见餐饮食品产品呈现或售卖，而找不见历史传承脉络的状况决然不同。特别是到了新时代，烧饼技艺的传承更是打破了"师傅留一手"的陋习，普及普惠广大民众。这也足以说明，缙云烧饼制作技艺在历史传承的连续性、世代更迭发展的超越性、技艺淬炼的独到性方面焕发出了独有的魅力和吸引力。

（二）文化丰富，积淀深厚

缙云烧饼与全国其他地方的烧饼在文化基因上有着迥然不同的内涵。这是由缙云当地历史、自然、文化、民俗及其他物质的和非物质文化影响使然。缙云烧饼起源在当地有许多传说故事。这些故事既折射出它悠久的历史，也折射出它丰富的文化。人们期望缙云烧饼来历的不平凡，更多的是想通过文化来扮靓自己的生活。这是一种民间的创作行为，也是民间对美好生活的一种期

国家级非物质文化遗产项目——黄帝祭典

待。缙云人文环境十分优越而独特，物质和非物质文化遗产资源十分丰富。黄帝祭典、张山寨七七会、迎罗汉、缙云烧饼制作技艺 4 个项目被国务院列入国家级非物质文化遗产名录。缙云的文物遗址、老物件等历史民俗文化琳琅满目，目不暇接。与烧饼相关的祠堂、古戏台、古桥、古窑遗址、古街、古村、麦磨、水碓等建筑物和实物数以千计，它们无不述说着与缙云烧饼有关的历史故事，传承着丰富多彩的烧饼文化。缙云烧饼起源地壶镇古镇，就是一座露天的博物馆、民俗文化的集散地。壶镇地处丽、金、台“三市四县”交汇腹地，自古人文商贸繁荣。旧时老街有众多老字号百货杂货店、酒肆、老字号药堂，还有酿酒酝醋、唱戏听

乡戏

牛腿

曲、制陶打铁、编筐织篓等摊位。缙云还是出名的戏窝子，境内最多时拥有戏班 140 多个，20 世纪 90 年代尚有古戏台 400 多座。一个古戏台就是一部百科全书，戏文故事、木雕牛腿、台基门楣、精美彩绘，不一而足。境内还有自宋至元烧制青瓷的大溪滩窑址群。窑址器物花纹精致，釉色唯美，玲珑剔透，无比美丽。缙云的古桥飞虹卧波，千姿百态。清末太学生赵锡蔡的《永济桥游桥杂记》，绘就了一幅老百姓游永济桥时，在桥上吃烧饼、看大戏的民俗画、众生图，反映的内容异常生动。此外，还有路边摊、烧饼老铺、烧炭窑址，东山炉芯、菜缸、烧饼担子、风箱、水碓、麦磨、炭篓等老物件，讲述着缙云烧饼历史人文、技艺精湛和与众不同。这些以实物形态和非物质形态凝聚起来的缙云文化，是当地民众集体创造、共享、传承的结晶。它们是传统文化、传统美德等基本精神的一种传递与分享。缙云当地深厚的崇尚伦理道德、注重人文理性、强调和谐观念、倡导忧患意识的传统文化，都在缙云烧饼文化传承中时时得以展现与绽放。而这种传统

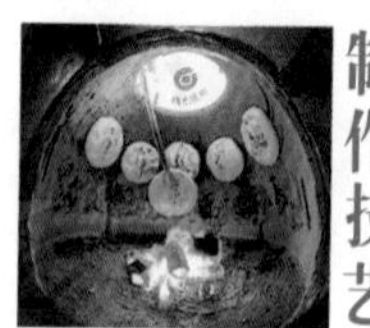

文化所表达的精神内涵反映了当地民俗文化特征、传统观念及思想意识，是具有地域印记的世界观和人生观。毫无疑问，这些文化对于当今构建和谐社会，加强社会主义道德教育，都有着积极作用和价值。烧饼文化其实就是缙云当地琳琅满目、积淀深厚的历史文化、乡土文化的一个缩影，一个凝聚点。一丝不苟、精益求精、尽善尽美、先人后己、满腔热情、同甘共苦、守望相助等等，这些传统文化的精粹，都可以在烧饼制作和烧饼人中找到。如果没有这种精神文化的支撑，缙云烧饼无论如何不可能走到如火如荼的今天。

（三）技艺精湛，炉火纯青

“食不厌精，脍不厌细”，这是先民对饮食制作的精品意识，同样反映到了讲究“耕读传家”的缙云民间，更是深入贯彻到了缙云烧饼师傅的制作技艺中。缙云烧饼师傅自拜师学艺起，就得到师傅严格的训示，要求对烧饼制作的每一道工艺必须达到完美。比如，揉面加水拌和要求，“面娘”发酵工艺，肉馅菜干比例，五花肉切丁大小，炉芯内壁温度控制，炉火火候把握，调味品和葱花投放，刷涂糖油的手感，饼背蘸水的多寡，起饼防掉入炉底的要诀等。所有这一切都是学徒边学边做，边做边学，全部通过实践和师傅指点学习摸索掌握，直至学到熟练为止。而且每一位师傅，每一个烧饼流派又都有自己独到做法。甚至有的烧饼师傅对发面的每一个环节都格外小心，始终像呵护婴儿一样去用心对待——不管是夏天还是冬天，都会将面团放到空调房里，半夜都会起来观察，并对温度及时做出调整，以确保烧饼品质。烧饼师傅从实践中摸索出恰如其分的比例，保证了烧饼色、香、口感达到出神入化的境地。在缙云，叫饼的面食不下十种，但工艺都和

国外友人纷纷为缙云烧饼点赞

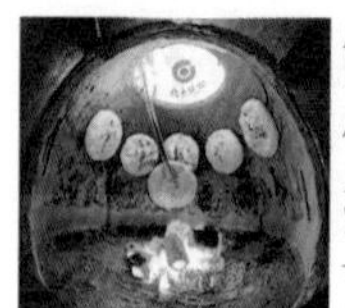

烧饼师傅在交流烧饼制作技艺

烧饼不一样。苞芦饼是用玉米面制成的粗粮食品，分有馅（放锅底烤）和没馅（放在锅沿蒸）两种，做法工艺与烧饼完全不同。印饼（烤花饼），以米粉和蔬菜果汁为原料，用雕花印糕板压制而成，以蒸为主。起酥饼，原料与烧饼相似，个头却小很多，要加油面，经长时间恒温烘烤才起饼。虽然这些饼食都很有特点，但相对来说烧饼用料更用心，制作更精细，品质更有保证。缙云烧饼好吃又有营养，靠的全是烧饼师傅出色的手艺，保全了烧饼中脂肪、糖类、钙、磷、铁等营养成分。另外，缙云烧饼烤制设备饼桶也是十分考究的，它的内壁是特制的陶质炉腔，即炉芯。炉腔下有炉栅子、漏灰腔和进风口；内腔底的炉栅中间用以放置炭火，炉腔内壁用以贴饼。这种炉腔，形状就像一个锯掉下半部分的陶瓮，故而炭火烧烤成熟饼的技艺尤其独特。壶镇东山村窑工生产这种炉芯，做工精细、牢固耐用，尤为重要的是厚薄适中、传热均匀，从而使烤制的烧饼特别香脆。在缙云烧饼师傅中流传着这样一句话："用东山炉芯烤出来的烧饼就是香。"实实在在的缙云师傅，就是这样一丝不苟、环环紧扣，做出了色香味俱全的烧饼，才打响了声名远扬的"缙云烧饼"这块牌子。

（四）大俗大雅，产业富民

缙云烧饼原本是一种十分普通的民间食品，从餐饮文化来观照，特别在鲁菜、浙菜、川菜、粤菜等国内著名饮食文化面前则是一款小众餐饮品种，普通而平常，甚至不起眼。但自从缙云县委、县政府大力倡导扶持烧饼产业之后，特别是推行开办培训班、评定烧饼大师、给予资金奖励与补贴、组织媒体宣传等系列举措后，缙云烧饼在公众视野中已成为登入大雅之堂的一款美味食品。烧饼行业不再是路边摊、不起眼的行业，烧饼师傅也成了当地瞩目的明星，甚至连国际友人都参与到烧饼的学习制作经营中来。烧饼行业的平地崛起，使缙云人认识到，要脱贫也要致富，产业扶贫至关重要。产业兴旺是乡村振兴的重要基础，把发展产业作为脱贫增收的根本之策。因此结合缙云实际，把缙云烧饼产业作为弘扬传统文化和促进农民增收致富的重要举措来抓；打造缙云烧饼品牌，运用现代产业经营模式来培育发展缙云烧饼产业，把

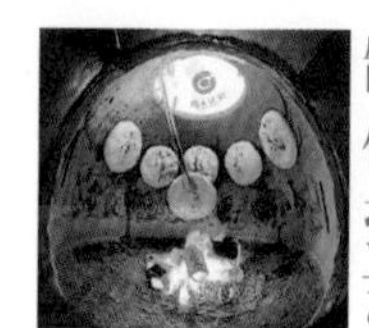

国外友人接受烧饼制作技艺培训

以缙云烧饼为龙头的缙云小吃产业打造成缙云县对外形象的“新名片”、富民增收的“新产业”。为此，缙云县政府每年安排500万元专项资金扶持缙云烧饼品牌建设，对开设缙云烧饼示范店的业主给予1万—3万元补助，以及50%贷款贴息。截至2021年，661家示范店获得816万元补助，50家示范店获贴息近13.45万元。同时以品牌、师傅、示范店、特色村为抓手，全面推进产业发展。通过打造平台、畅通信息、规范管理、利益共享的运作实践，缙云烧饼协会会员从100多人发展到900多人。配合祭祀黄帝大典，缙云县每年举办缙云烧饼节，根据不同年份分别举办浙江名小吃全省选拔赛、缙云烧饼大师赛、乡村旅游季等活动。邀请浙江省十大特色农家小吃、台湾特色美食等入驻，每年有省内外200多种特色小吃参与竞技，各地美食爱好者闻香而动，举办“最受欢迎的特色活动”“精品展会”。节庆效应十分巨大，满足了食客“胃口”、鼓起了农民“腰包”。缙云烧饼激活了烧饼炉芯、烧饼桶、缙云菜干、烧饼包装、烧饼文化等相关行业，吸引了越来越多的人参与，呈现出强劲发展态势，帮助越来越多的人脱贫致富。截至 2021 年，缙云烧饼示范店已经开到了全国 20 多个省、市、区；开到了全国 50 多所高校食堂；开进了浙江省政府、丽水市政府机关食堂；开到了全国 50 多个高速公路服务区；开到了世界 16 个国家和地区。缙云烧饼产值达到 27 亿元，同比增长 12.5％，从业人员达到 2.3 万人。缙云这个古老的地方也随着缙云烧饼走向全国，走向世界。

缙云烧饼节

撒芝麻
包馅

三、烧饼制作技艺名师和传承保护

缙云烧饼自古至今，做烧饼的师傅代有辈出。近代主要是壶镇一批烧饼世家沿街摆摊制作出售烧饼，父传子、兄传弟、亲戚互传、师徒相传、邻里共传是旧时烧饼师傅传承的主要模式。到了现当代，在政府的扶持推动下，培训了一大批烧饼制作技师和人才。

三、烧饼制作技艺名师和传承保护

缙云烧饼自古至今，做烧饼的师傅代有辈出。近代主要是壶镇一批烧饼世家沿街摆摊制作出售烧饼，父传子、兄传弟、亲戚互传、师徒相传、邻里共传是旧时烧饼师傅传承的主要模式。到了现当代，在政府的扶持推动下，培训了一大批烧饼制作技师和人才。因缙云烧饼师傅的技艺精湛，烧饼好吃，销量大幅增长，行业规模越来越大，从业人员超过了历史上最好时期。缙云烧饼行业技术骨干队伍和传承人群正在向更好更优方向发展。

十大烧饼大师出炉

【壹】缙云烧饼大师

2016年，缙云县政府举办烧饼节暨首届“烧饼师傅”技能大赛。技能大赛采取现场评分制，场地开放，15名候选的优秀烧饼师傅向5000多名来自全国各地的游客展示缙云烧饼技艺：揉面、制馅、擀饼、刷糖油、撒芝麻……烧饼师傅各显身手。评委根据烧饼师傅烤制的动作和烧饼的味、色、形进行打分。经过角逐，李秀广、赵一均、吕杰飞、朱慧英、吕坚海5位烧饼师傅脱颖而出，获得首批“缙云烧饼大师”称号。2019年，缙云县举办烧饼节暨第二届“烧饼师傅”技能大赛，评出第二批“缙云烧饼大师”，周凯、吕礼杰、黄多通、卢窕娃、黄伟光5人入选，也获得了“缙云烧饼大师”称号。

（一）李秀广

1956年2月出生于缙云县壶镇宫前村，壶镇槐花树初中毕业，是缙云烧饼制作的代表人物，也是缙云县政府认定的10位烧饼大师之一。现被缙云县黄龙景区聘请为黄龙烧饼店烧饼制作“掌门人”。

缙云烧饼大师李秀广

李秀广原为一名木匠，但手艺一直没多大起色。30岁那年，李秀广丢下斧子，拿起了火钳，拜本村李宏唐为师做起了烧饼。半年后出师，夫妻俩在温州乐清盘石镇设摊经营缙云烧饼生意。1992年，夫妻俩回到宫前村，在一间20多平方米祖上传下来的老房内，开起烧饼面饺铺。李秀广做烧饼很有天赋，老面发酵用碱方法独到，面皮拿捏技术恰到好处，烤出的烧饼面皮内糯外脆，油而不腻，吸引了周边永康、武义、仙居等地的吃货争相品尝。然而一天只做300个烧饼，远远满足不了顾客的需求。由于李秀广做烧饼全过程讲究用心用情，所花时间较多，所以限制了他做饼的数量。他每天的安排是固定的，基本上是上午采购新鲜的猪肉，加工食材，生火暖炉，妻子负责打扫卫生，打下手。晚上还要和面发酵，准备第二天用面所需。只能到中午12点才开始做饼，通常在下午5点左右材料耗尽就打烊，经常遇到客人乘兴而来，扫兴而归。但是，为了满足味蕾前来碰运气的顾客越是想尝一尝李秀广的手艺，几乎每天门口都排起长队，门庭若市，慕名而至的人越来越多。

李秀广曾经经营烧饼店的宫前老街

缙云本土企业家吕普龙是李秀广烧饼的粉丝。自从在黄龙景区经营起旅游业后，便想

缙云烧饼黄龙店

请李秀广到黄龙景区门口做烧饼。但是李秀广和妻子经营的烧饼面饺店在当地已经有了不少熟客，每年收入至少也有 30 多万元，让他到景区做烧饼，他有些舍不得。吕普龙“三顾茅庐”，最终以年薪 35 万请到了这位烧饼大师。从 2016 年起，李秀广的烧饼“落户”黄龙景区，采用景区内农庄自种的特制菜干和特定渠道的农家土猪肉为材料，使本来已经出名的缙云烧饼做得更加不同凡响。出炉三分钟，无疑是缙云烧饼最好吃的时间点，李秀广凭借着对火候的完美把控，使其特制的外卖“缙云烧饼”远销全国各地，这也成为李秀广的另一块金字招牌。假期归乡，带上几十个乃至上百个李秀广做的烧饼，这已经成为很多在外地工作的缙云人的

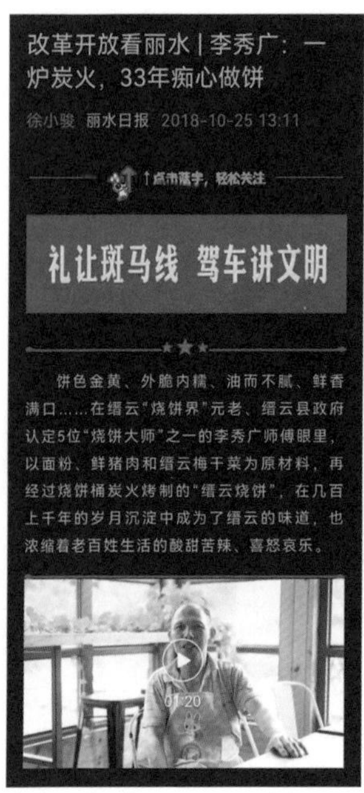

改革开放看丽水 | 李秀广：一炉炭火，33年痴心做饼

徐小骏 丽水日报 2018-10-25 13:11

饼色金黄、外脆内糯、油而不腻、鲜香满口……在缙云"烧饼界"元老、缙云县政府认定5位"烧饼大师"之一的李秀广师傅眼里，以面粉、鲜猪肉和缙云梅干菜为原材料，再经过烧饼桶炭火烤制的"缙云烧饼"，在几百上千年的岁月沉淀中成为了缙云的味道，也浓缩着老百姓生活的酸甜苦辣、喜怒哀乐。

李秀广的故事被众多媒体争相报道

习惯。近年来，受新冠疫情影响，旅游餐饮行业普遍不景气，而黄龙景区的烧饼店因李秀广而一直红红火火，年营业收入达 100 多万元，为黄龙景区增加了旅游收入。

"我不怕竞争，不怕没生意，怕就怕这手艺传不下去。"这是李秀广发自内心的一句话。近年来，由于李秀广生意繁忙，虽然抽不出时间参与培训教学，但登门学艺的人却络绎不绝。其中既有缙云烧饼大师前来取经，也有来自杭州、台州、四川等地的人前来拜师，李秀广都是热心帮助，不收分文，倾囊相授。甚至有人生怕李秀广留有绝招，出重金求教，也被李秀广婉言谢绝。

"小烧饼拉动大产业"，李秀广在这个大潮中扮演了十分重要的角色，也是唯一一个高薪受聘的烧饼大师，他的故事一时成了新闻媒体争相报道的热点。新华社、中央电视台、《浙江日报》、

《钱江晚报》、浙江在线等媒体相继作了报道。《丽水日报》还以“改革开放看丽水，李秀广：一炉炭火，33 年痴心做饼”为题做了专题报道。

李秀广几十年如一日，潜心制作烧饼。正是由于他的“工匠精神”让他坚持下来，并成为烧饼业的大师。

（二）赵一均

又名赵益均，1969 年 10 月出生在缙云县五云街道建设村。在那个年代，由于家庭收入微薄，家庭负担重，赵一均有姐妹四人，他是家中老大，17 岁初中毕业就为分担家庭重担，开始就业。19 岁拜出身于烧饼世家的鲍瑞良为师，开始起早贪黑学做烧饼。鲍瑞良的烧饼制作是跟家中长辈学的，五十多年的烧饼制作经验，练就了一手十分独到的烧饼制作技艺。因此鲍家烧饼铺每天顾客盈门，供不应求，最多的时候每天用掉 80 公斤肉，做 3000 个烧饼。由于赵一均手脚勤快、聪明能干，很快学会了鲍家烧饼的核心技艺，又因为赵一均吃苦耐劳，憨厚淳朴，

缙云烧饼大师赵一均

赢得了鲍瑞良的信任和赏识，因此也成为鲍瑞良最为得意的学徒。他不仅赢得师傅的倾囊相授，还赢得了鲍家大女儿的芳心，自然也就成了师傅鲍瑞良的女婿。这种师徒加姻亲的特殊关系，让赵一均的事业再次得到了提升。1998 年，在岳父鲍瑞良的支持下，他在缙云县城仙都宾馆旁摆出了烧饼摊位，与鲍瑞良的小女儿、儿子及妹夫等 6 人一起经营。经过 30 年打拼，赵一均成为“鲍家烧饼”技艺传承的第五代师傅，也成为首家“缙云烧饼”示范店的掌门人。

技艺日臻成熟的赵一均开始倾力于技艺的传承，自 2000 年开始招收徒弟，让学徒边做边学，前后招收了汪金飞、胡耀阳、周辉等学徒两百多人。赵一均还热情帮助徒弟、学员创业，这些学徒中有刘伟缙等人已经分别在缙云县城、壶镇、仙都景区等开设烧饼店，分布在温州、杭州、上海等地。其中丽水“炉麦烧”“烧饼一家亲”连锁店在当地都小有名气。2014 年开始，缙云县把缙云烧饼作为乡村经济振兴和文旅融合的重要项目来抓，壮大烧饼师傅队伍，形成集中培训机制，在《“缙云烧饼”品牌战略和产业发展规划》中提出了在五年内快速培养烧饼制作人才一万人的目标。作为“烧饼世家”的掌门人赵一均被聘为首批烧饼培训的教员。他手把手地教每期学员从发面、制面团、酿面到制馅、制坯、填馅、贴饼、起饼，每个制作环节，赵一均都亲自讲解和示

缙云烧饼一均店烧饼师傅合影

赵一均在实操授课

范。经过多年探索，赵一均改良了缙云烧饼发面工艺，固定面粉、水、面娘最佳比例，从根本上解决因三者比例不均导致口感不好、色相不佳问题；改良了烤制工艺，固定烤贴最佳温度，避免温度太高容易饼坯焦煳，太低则饼坯容易脱落，进一步提高了烧饼质量和烤制效率。在缙云烧饼培训工作中，赵一均经过十多年努力，共培养了数千名烧饼制作学员，声名鹊起。2014 年 11 月，赵一均被丽水市农村劳动力素质培训协调小组办公室评为“丽水高级农匠师”；2016 年，被缙云县缙云烧饼品牌领导小组办公室评为首批“缙云县烧饼大师”。令赵一均难忘的是，2016 年 10 月他和高级烧

意大利国家电视台专访赵一均

饼师傅鲍旭丹参加了“缙云烧饼”推广宣传组，开启“缙云烧饼走入欧洲”巡展之旅活动。首站走入被称为“世界名车之都”“引擎之都”的意大利摩德纳市，这里有近万华人在周边地区发展和生活。当得知“缙云烧饼”要来展示，许多华人华侨驱车几十公里专程从外地赶来品尝。原本计划制作两百个左右的烧饼，结果制作了五百多个，来自中国的缙云烧饼，被誉为“中国的披萨”。

赵一均在烧饼制作技艺方面积累了丰富经验，被邀请参与制订《缙云县烧饼制作标准》的讨论和论证，他的技艺配方作为“缙云烧饼制作标准”的基础数据和制作样板。2014 年 7 月 19 日，缙云县烧饼品牌建设领导小组办公室命名赵一均经营的鲍家烧饼铺为首家缙云烧饼示范店。示范店从原来一天卖几百个烧饼、每天 2000 多元营业额，到现在每天制作 1500 个烧饼、每天 6000 ～ 7000 元营业额。在当地政府重视下，赵一均努力为缙云县这张地域文化名片、国家级非遗名录项目的“缙云烧饼制作技艺”，积极有为地开展传承发展、弘扬光大工作，期待着缙云烧饼有朝一日成为沙县小吃之后国内小吃界的佼佼者。

（三）吕杰飞

吕杰飞，1969 年 9 月出生于缙云县壶镇北山村。现担任缙云县缙云烧饼协会副会长，是缙云烧饼产业的代表性人物。

吕杰飞自 1983 年开始加入缙云烧饼行业，至今已有 30 多年

缙云烧饼大师吕杰飞

的从业历史。刚加入缙云烧饼之初的想法只是为了谋生，但入行后他却发现对缙云烧饼有一种特殊的情感，一直以来始终追求每一个烧饼的色、香、味、形俱全，力所能及地将每个烧饼做到极致。所以在缙云烧饼第一个创业地丽水，就红遍整个全城，成为 1980 年国家改革开放之初的第一批万元户，同时也带动了一批亲朋好友从事缙云烧饼产业，走共同富裕之路。2014 年，吕杰飞积极响应县委、县政府号召，第一批加入缙云县缙云烧饼协会，并担任常务理事，任职期间为协会工作出谋划策，组织烧饼师傅开展交流经验等，做了大量卓有成效的工作。同时利用手机微信建立缙云烧饼师傅烧饼制作技艺交流群，在制作技艺、经营理念、职业道德等方面对各位烧饼师傅给予指导，使缙云烧饼整体形象快速提升。吕杰飞还带领一批烧饼师傅组织举办了多届“北山村烧饼节”和为贫困人员献爱心等活动，打响了缙云烧饼知名度，收到了较好效果。

正因为他凭着对缙云烧饼的一份执着和热爱，2016 年一年间，吕杰飞分别获得缙云百工、名师名匠荣誉称号，被缙云县缙云烧饼品牌建设领导小组授予“高级缙云烧饼师傅”和“缙云烧饼大师”的荣誉称号，被授予“丽水高级农匠师”荣誉称号，并考取了由缙云县人力资源和社会劳动保障局颁发的“高级中式面点师”证书。2018 年 5 月浙江省餐饮协会授予他“浙江省点心名师”的称号；2019 年分别获得“丽水市优秀新时代乡贤”称号，“浙江省点心、小吃杰出贡献奖”荣誉；2020 年，获得“丽水市高级技师”称号。

缙云籍国家一级演员、著名歌唱家郑佩钦在品尝吕杰飞制作的缙云烧饼

缙云新时代乡贤|缙云烧饼人——吕杰飞

世界缙云人 2020-01-17 17:30

点击蓝字 关注我们

前言

近年来，缙云县积极响应省委、市委新时代乡贤统战工作号召，立足“大统战”思维，以组建乡贤联谊会为抓手，倾力打造乡贤统战工作的缙云名片。2020年1月6日，丽水市“乡村振兴·丽水先行”2019年度工作总结会上缙云十七位新时代优秀乡贤受到表彰。本期我们将介绍一位将缙云烧饼发扬光大的优秀乡贤。

走出山村创业逐梦，富而思源不忘桑梓。他使缙云烧饼真正成为缙云烧饼人的致富产业。他做到了创业发展的同时，回报家乡，带领家乡父老共同致富，这是一个有情怀有担当的好男儿！

他就是缙云新时代优秀乡贤——吕杰飞

吕杰飞，男，1969年9月出生，汉族，群众，缙云县缙云烧饼协会副会长，是缙云烧饼产业的代表人物，是缙云烧饼师傅中最具知名度的烧饼师傅之一。2016年10月考取了国家劳动部颁荣誉称发的高级中式面点师证书，并被缙云县缙云烧饼品牌建设领导小组授予高级缙云烧饼师傅和缙云烧饼大师的称号；于2016年1月被授予“丽水农师”荣誉称号；于2018年5月被浙江省餐饮协会被授予浙江省点心名师，2018年12月被评为丽水市高级农师。

吕杰飞的故事被众多媒体争相报道

缙云烧饼产业对吕杰飞来说是一个充满阳光的产业，尤其是在缙云县委、县政府的大力扶持下，2019 年，成立了吕杰飞餐饮管理有限公司，共有员工 12 人，在杭州滨江、杭州的华为集团开有两间缙云烧饼示范店。缙云烧饼先后入驻湖州市政府、长兴县政府、德清县政府等机关食堂，年营业收入达 380 万元，净利润 100 多万元。

做烧饼对吕杰飞来说不仅是一种谋生手段，更是一种对非物质文化遗产传承和保护的追求。2014 年缙云县烧饼品牌领导小组办公室成立伊始，吕杰飞就担任缙云烧饼的培训老师。他把 30 多

吕杰飞送服务到浙江（嘉兴）红船干部学院

年积累的技艺和经验毫无保留地传授给学员，从最初的烧饼初级培训到后来的烧饼高级师傅培训，一共带出了几千名学员，学员、徒弟遍布全国各地，有的甚至还把烧饼店开到国外。

吕杰飞还是缙云烧饼品牌的推广大使，曾代表缙云烧饼去香港参加世界食品博览会；先后参加北京、上海、武汉、南京、嘉兴等地重大活动的美食推广交流；多次送服务到嘉兴红船学院和浙江省军区，服务全国少将干部会议和现役军人；出席过武汉全国创业就业人才招聘会和吉林长春全国创业就业等活动。浙江卫视、央视《美丽中国行》栏目都对他进行了报道，为打响缙云烧饼品牌知名度作出了应有的贡献。

（四）朱慧英

朱慧英，1962 年 9 月出生于缙云县五云街道复兴街丹阳村的一个烧饼世家，初中毕业后跟父母学做烧饼。改革开放后，由于父母在缙云县城复兴街的烧饼摊生意很好，人手不够，朱慧英帮父母做烧饼直至成家。由于从小受父母的熏陶，朱慧英做烧饼的技艺日臻成熟。先后获得丽水市“中式面点二级技师”“缙云百工名师名匠”“缙云烧饼大师”等荣誉称号。

1988 年，朱慧英夫妻俩在 330 国道边有一间 120 平方米的烧饼店，生意十分红火，请了 4 个帮工还忙不过来。当时的烧饼只卖 2 毛钱 1 个，多时一天能卖 2000 多个，日营业额达到 400 多元，

缙云烧饼大师朱慧英

年收入达15多万元。其间带出学徒6人，分别在青田、温州、南平、松溪等地经营缙云烧饼，其中有一个徒弟把缙云烧饼做到了意大利。

朱慧英制作的缙云烧饼，注重发面、火候、馅料和表面的糖油色泽。发面要求用老面娘发酵，80℃以上的开水拌面；注重老面娘、干面粉、开水的最佳比例；面醒后，苏打粉撒多少以发面的酸度刚好中和为最佳，发面时间一般为4小时以上；传统的饼皮用麦芽糖当糖油，肉馅肥精1∶1口感合适，菜干选择没酸味的为好，木炭10厘米左右长度为佳。包饼时，用一只手的虎口边捏面边入馅边收口，然后用手压成厚薄均匀、呈圆状的饼坯，再刷上稀释过的糖油。炉温根据烤制的实际情况来把握，饼坯刚入炉时温度要高，待饼膨胀后逐渐降温，一般4分钟左右烤熟。这样烤出来的烧饼外脆里软、口感较好，达到色香味俱佳的要求。

2014年初，缙云县创办缙云烧饼培训基地。朱慧英经多轮选拔，受聘为缙云烧饼制作授课老师，并参与缙云烧饼培训教材的

朱慧英在培训班授课

朱慧英带的洋徒弟

编制、缙云烧饼制作工艺标准的制订等工作。在缙云电大、壶镇技校两个缙云烧饼培训基地担任任课老师，共培训学员数千人。在培训过程中不仅传授操作技能，同时通过言传身教的方式向学员传授职业道德、职业规范和经营理念。2018 年，还受缙云县人力资源和社会保障局指派，到帮扶结对的四川省南江县创办烧饼培训班，共培训烧饼制作师傅 50 人次。2019 年，又受缙云县农业农村局委派，到青田县完成扶贫项目，开办缙云烧饼制作技艺培训班。2021 年，再次受委派，帮助丽水市残疾人创业培训缙云烧饼制作。近年来，先后参与缙云烧饼协会组织的缙云烧饼品牌推广活动达 20 多场次。

（五）吕坚海

吕坚海，1968 年 11 月出生，缙云县壶镇北山村人。2016 年获得“缙云县首批烧饼大师”“缙云百工”名师名匠荣誉称号。2018—2020 年，先后获得了“浙江省面点大师”“丽水中级农商师”“中式面点师二级证书”等荣誉，现担任缙云县缙云烧饼协会

缙云烧饼大师吕坚海

副会长。吕坚海初中毕业时，恰遇联产承包责任制实行包干到户，为了减轻家庭负担，增加收入，17 岁就拜当地颇有名气的烧饼师傅吕土福为师。出师后，吕坚海带着 14 岁的妹妹到遂昌县支起烧饼摊开始做烧饼。在经营过程中，还得到同村的老烧饼师傅吕文龙的指导和帮助。在前后两位良师的倾囊传授下，吕坚海练就了过硬的烧饼制作技艺，制作的烧饼很快得到当地人的喜爱。每天顾客络绎不绝，烧饼供不应求，最多时一天用掉 100 公斤肉。吕文龙师傅看见吕坚海过硬的烧饼技艺，独特的经营理念，生意兴隆，有意识介绍自己女儿前来帮忙，两人日久生情，促成了吕坚海一段美满姻缘。师徒变翁婿让吕坚海的事业更上一层楼，成为当地最早一批先富起来的青年，同时也成为“吕家烧饼”的第二代掌门人。

30 多年来，吕坚海辗转本县壶镇、遂昌、金华、杭州、福建等地经营缙云烧饼。2014 年，缙云县委、县政府开始打造“缙云烧饼品牌”，吕坚海认准商机，在杭州开出首家缙云烧饼示范店。作为示范店的掌门人，他在经营管理过程中，产品制作精益求精，对待顾客诚信服务，短时间内在杭城颇有名气。不仅线下销售生意火爆，还能日均接 80 多单的美团、饿了么等外卖，月均营业额达 15 万元，取得了良好的经济效益与社会效益。2017—2018 年，先后荣获“五好示范店”“浙江省小吃名店”等荣誉称号，在缙云

吕坚海创办的杭州庆春东路缙云烧饼示范店

烧饼品牌建设中真正起到示范引领作用。

正因为吕坚海技艺精湛、经营理念超前，慕名向他拜师学艺的人络绎不绝。吕坚海还被聘为缙云烧饼培训班的授课老师，针对基础不同的学员，因人施教。从发面、制面团、酿面、制馅、制坯、填馅、贴饼到起饼每个环节，吕坚海都亲自讲解和示范。截至 2021 年，共带出学徒近千名，其中 200 多名徒弟成功开店创业，人均年收入达 20 万元以上；500 多名徒弟当上了驻店烧饼师傅，人均年收入达 8 万元以上。2021 年，在缙云县“名师带徒”活动中，吕坚海以优异的成绩名列前茅，为缙云烧饼队伍的发展壮大作出积极的贡献。

吕坚海的烧饼制作技艺有他的独到之处：首先改良了缙云烧饼发面工艺，固定面粉、水、酵酿、碱水最佳比例，发面采用低温慢速二次发酵的方法；肉馅肥瘦相间，讲究 4∶6 比例，肥肉采用猪上背的厚肥膘，瘦肉采用前腿肉或者里脊肉。瘦肥肉分开采购，切肉要求瘦肉颗粒大、肥肉颗粒小。菜干特选优质九头芥精制而成；选用大小适中木炭，才能火光均匀，从根本上解决烧饼口感不好、色泽不佳问题。其次改良了烤制工艺，固定贴饼最佳温度，避免温度太高容易饼坯焦煳，太低则饼坯容易脱落，进一步提高烧饼质量和烤制效率；还自主研发了以水面为主体的“香脆薄饼”，颇受年轻一代的喜爱。

吕坚海还热心公益事业，2017—2019 年的正月初八，一批烧饼师傅在吕坚海的带领下，举办了“北山烧饼节”，有 3 万余人免费品尝到缙云烧饼。吕坚海还主动参与主管部门举办的“全国扶贫日义卖烧饼活动”“庆丰收活动”“爽面节募捐活动”“缙云烧

吕坚海在缙云烧饼大师颁奖现场

饼节活动”等等，得到了各级电视台、报刊等媒体的广泛关注和报道。

（六）周凯

周凯，1978年1月出生于缙云县舒洪镇下周村，初中毕业后一直从事烧饼制作至今，曾任首家缙云烧饼示范店“一均烧饼店”店长兼合伙人。先后荣获“丽水农师”“浙江面点大师”“丽水高技能人才”“缙云烧饼大师”等荣誉称号，2017—2022年连续两届担任缙云县政协委员。

缙云烧饼大师周凯

2014年，周凯就与赵一均合伙率先开出首家缙云烧饼示范店，并担任店长。在示范店经营管理中，做到精益求精，力求将烧饼做到极致；在服务理念上，坚持诚信优质。因此示范店经营状况良好，仅70平

菲律宾富二代师从周凯做烧饼

方米左右的店铺日均营业额达 5000 元以上，在缙云烧饼品牌建设中真正起到示范引领作用，取得较好的经济效益和社会效益。周凯还主动配合缙云县品牌推广需要，参与 CCTV-2、CCTV-7、CCTV-10 等多个央视频道及电台的缙云烧饼宣传节目拍摄录制工作，为我县烧饼品牌推广发挥重要作用。

英国网红阿里克斯学习缙云烧饼制作

2019 年开始，周凯还担任中、高级缙云烧饼制作师傅培训班主讲教师，累计培训学员 108 人次，其中 40 余人取得高级证书。此外，周凯还以缙云烧饼示范店为阵地，带徒授艺，短短 6 年时间共带出学徒 600 多名，其中有多名学员已取得高级缙云烧饼师傅的称号。来自著名侨乡青田的学员蓝建军、吴苏伟、王安等，出师后将缙云烧饼店开到了西班牙。菲律宾的富二代阿德里姑侄俩，出师后返回菲律宾开店，对此《钱江晚报》、《天天快报》头条曾作有专题报道。还有一位高才生女徒弟程思，英国大学毕业，研究生学历，回国后慕名来烧饼示范店向周凯学习缙云烧饼制作技艺，结业后在上海开设了两家缙云烧饼门店，经营状况良好，深受顾客好评。

周凯作为县政协委员，积极为缙云烧饼制作技艺的传承和产业的发展建言献策，先后撰写了《关于推进缙云农特产品品牌建设的建议》《关于缙云菜干产业健康发展的建议》《关于尽快确定县级缙云烧饼制作技艺非遗传承人的建议》等提案，引起政府相关部门的重视，并得到切实有效的解决。

（七）吕礼杰

吕礼杰，1973 年 7 月出生于缙云县壶镇北山村，是“北山烧饼”代表性人物。他在家中排行最小，但却早早为家里挑起重担。1987 年，14 岁的吕礼杰拜同村烧饼师傅吕杰飞为师学做烧饼。之后他便跟随师傅辗转丽水、上海等地，他出师后，便独自在台州做烧饼生意。

吕礼杰最初学做烧饼的愿望十分简单，只是想通过一门谋生手艺来改变困难的家境。当初，他独自在外漂泊打拼的时候，缙云烧饼还只是一款路边低端的小吃，人们认可度一般，与现在的缙云烧饼不可同日而语。但每当客人品尝烧饼露出满意笑容时，总能让他感受无比欣慰，认为自己的劳动得到了肯定和尊重。正

缙云烧饼大师吕礼杰

因为如此，他有了坚持从事烧饼制作的信心与希望，无悔于将青春全都奉献给烧饼行业，吕礼杰这一干就是 30 余年。

吕礼杰烤制烧饼，既坚持遵循传统古法，又有自己的独创。比如制作流程填馅收口这一工艺，他会蘸一点葱来提香提味，这是其他师傅没有的。还有在擀面皮时，饼坯的压面他不用面杖，而坚持采用手掌来压面，这样就保证了每一个面饼层次肌理的独到，让消费者每一口都有丰富的体验。他做的烧饼皮必须是发酵了 10 多个小时以上的老面团揉成，这样就保证了烧饼异常出色的劲道和口感。他做的馅料一律选用精肥兼顾的夹心猪肉，再配上缙云菜干，确保一口下去，微甜带着咸香，肥瘦相宜、鲜香可口。

随着他技艺的日臻成熟，名气越来越大，登门学艺的人就多了起来。吕礼杰常年奔波在杭州、台州、丽水等地卖烧饼，因此他的学徒遍布各地，他烧饼做到哪里，就在哪儿带徒授艺。

2013 年，吕礼杰得知缙云县委、县政府谋划将缙云烧饼打造

吕礼杰在培训外国徒弟

成特色品牌、富民产业时，心潮澎湃。他抑制不住内心的喜悦，第一时间就决定回乡创业。2016 年，缙云仙都烧饼总部邀请他出任景区总部的烧饼师傅一职，吕礼杰欣然前往。于是，吕礼杰成了缙云仙都烧饼总部的一名烧饼师，同时还兼任烧饼总教职位。在任教烧饼技艺期间，吕礼杰对前来学习烧饼制作技艺的学员倾心相授，毫不保留。从发面、制面、酿面、制馅、制坯、填馅、贴饼再到起饼的每个环节，吕礼杰都亲自讲解和示范。而且针对不同的学员，因材施教，分类指导，培养出了一批批优秀的烧饼制作技艺人才。截至 2020 年，吕礼杰共带学徒近百名，其中 20

多名徒弟成功开店创业，人均年收入达25万元以上。为实现先富带后富，共同富裕作出了自己应有贡献。

（八）黄多通

1976年1月出生，缙云县七里乡黄店村麻车自然村人，职高学历，18岁开始外出创业，从事餐饮行业已有20多年。2014年，黄多通把握商机，夫妻两人回乡参加政府举办的缙云烧饼制作技艺培训，黄多通也从此与缙云烧饼结缘，走上创业致富之路。通过不断地努力探索，他的缙云烧饼制作技艺得到了各界的广泛认可。2017年8月考取中式面点师三级证书；2018年8月考取高级烧饼师傅证书；2019年5月被浙江省餐饮行业协会授予“浙江面点大师”荣誉称号；2019年10月获得“缙云烧饼大师”荣誉称号。2020年11月考取中式面点二级技师。

缙云烧饼大师黄多通

黄多通培训班结业后，又向缙云烧饼老师傅拜师学艺，为缙云烧饼的制作夯实了基础。他认为，一次两次做好缙云烧饼不难，但是要做好每一个烧

饼就不容易。因此，他在做烧饼的过程中，追求的是完美，讲究的是极致，取百家之长，用心用情去做好每一个烧饼。烧饼制作，面团发酵是关键，在炎热的夏天或寒冷的冬天，他会将发好的面团放到空调房里，哪怕是半夜也要起来看看第二天要用来加工的面团，对温度的变化及时做出调整。在做烧饼的每一个环节，始终像爱护刚出生的婴儿一样去用心对待，确保每一个烧饼的品质。

黄多通在提高自身技艺水平的同时，积极带徒授艺，6 年多来，共带出 31 位学徒，针对每个学徒不同的经历、特点，采用不同的教学模式，力求让他们尽快地上手、真正地领悟。近年来，他带的学徒中有 22 人在各地开出门店，从事烧饼制作，人均年收入达 20 万～30 万元。黄多通还积极参与政府组织的中高级师傅培训教学工作，在完成教学任务的同时，与参加培训的学员们一起探讨制作技艺、经营方略，取长补短，共同提高。

2014 年冬，黄多通经过多方考察，认真选址，最后在宁波城隍庙开了一家缙云烧饼示范店。以“传承正宗缙云烧饼、推广缙云传统特色小吃”为己任，在宁波城隍庙商圈中崭露头角，各地食客慕名而至，成为在宁波的缙云人、丽水人纾解乡愁、老乡聚会的首选之地。2017 年 10 月，他所经营的店铺获评“缙云烧饼五好示范店”，2018 年 4 月又被浙江省餐饮业点心（小吃）专业委员会评为“浙江省小吃名店”。黄多通的烧饼店生意红火，年均营业

位于杭州武林广场的缙云烧饼杭州总部

收入达200万元。

2021年4月，应缙云县缙云烧饼品牌建设领导小组、缙云县缙云烧饼协会的邀请，黄多通经营的缙云烧饼入驻位于杭州市武林广场浙江展览馆的“缙云烧饼杭州总部”，成为一个向杭州各界展示缙云烧饼文化及缙云特色小吃的一个样板窗口。在门店布置上以“百县千碗社区化平民化”为标准，结合缙云“五彩农业”、仙都等特色元素，供应以缙云烧饼为主的近20种缙云特色小吃。半年来，缙云烧饼杭州总部依托武林商圈及浙江展览馆会展中心，共接待游客5万多人次，配合浙江展览馆的各次展览推出缙云烧饼推广活动26批次，赢得了社会各界的广泛好评，实现经济效益、社会效益双丰收。

时任缙云县委书记朱继坤讲过一句话：“缙云烧饼名气大了，缙云烧饼师傅才能赚到更多钱，所以各位师傅一定要积极宣传。”黄多通把这句话记在心里，落实在行动上。只要有可以宣传缙云烧饼的活动他都积极参加，如宁波商会、宁波银行系统组织的团建活动，黄多通亲自到现场为大家制作缙云烧饼等特色小吃；丽水马拉松比赛、缙云爽面节、全国丰收节、红船学院送服务等现场都有黄多通制作烧饼的身影。黄多通宣传缙云美食文化、做大做强烧饼产业的义举，获得了众多领导和朋友的点赞。

（九）卢窕娃

卢窕娃，1970 年 4 月出生于缙云县溶江乡卢秋村。1989 年，19 岁的卢窕娃高中毕业，面对未来一脸茫然。听到二哥卢窕杰要去丽水烤烧饼，卢窕娃决定跟着二哥学艺，虽然条件十分艰苦，但是她性格倔强，不怕苦也不怕累，没多久就能独当一面。3 年后，卢窕娃带着一身手艺独自闯荡，先在路边摆摊，后在城里开店。虽能解决温饱糊口生计，但在事业上一直没有多大起色。

2014 年，缙云县委、县政府大力扶持发展缙云烧饼产业，为卢窕娃打开了崭新的事业大门。她放下一切，一头扎进了缙云烧饼师傅培训班中，除了参加培训，她每天在自己家里练习做烧饼，特别是考大师那几天，每天坚持练。从早到晚，肉买来自己切，和面烤饼，忙得不可开交。那时就决心要把制作烧饼的技艺磨炼到炉火纯青的地步。从初级师傅、中级师傅再到高级师傅，一路过关斩将，最终在众多高手中脱颖而出，拿到了“烧饼大师”的称号。她先后取得了中式面点师二级技师、丽水市农匠师、中式面点师职

缙云烧饼大师卢窕娃

业考评员等荣誉。

至此，一个小小的门店已满足不了有远大抱负的卢窕娃，她开始琢磨如何让土得掉渣的小烧饼闯出大天地，于是奔波各地寻找事业发展的突破口。一次，卢窕娃从广州回来途经一个服务区时，发现车流量和人流量特别大，于是得到启发，决定打入高速公路服务区这个大市场。2015 年，经过多方的努力，卢窕娃与两个哥哥卢窕亮、卢窕杰合伙成立了缙云县炉旺达餐饮管理有限公司，自己担任公司总经理兼技术总监。2015 年春节，卢窕娃终于把首家缙云烧饼店开进浙江省高速公路服务区。开业当天夫妻俩做了 400 多个烧饼被抢购一空，最多一天售出 3000 多个烧饼。一炮打响后，紧接着在开化、湖州、镇海、临安、萧山、南岸、丽水、云和、青田、方岩等高速服务区陆续进驻缙云烧饼门店，年收入达 1000 多万元。

随着事业的不断扩大，用工人员紧缺情况突显。卢窕娃开始把技艺传承摆上议事日程，于是在公司总部设立了烧饼制作培训工作室，每位师傅上岗前都要经过集中培训。从发面、揉面、制馅、制坯、包馅、贴饼到成型，每个制作环节和步骤，卢窕娃都手把手进行传授和讲解，并且还传授了店铺管理和经营等相关理论知识，最后经过实际操作考核合格后方可上岗工作。近年来，卢窕娃边经营边培训，共培训 200 多名烧饼师傅，其中 60 多位烧饼师傅长驻高速服务区，还有不少师傅学成后自己开店创业，分布全国各个城市，收益丰厚。

由于进驻服务区的规模不断扩大，针对店铺多、师傅多、口味难统一的问题，卢窕娃全心钻研和勇于探索，编制出一套标准量化的操作流程。根据面粉的成分和特点，采用低温慢速二次发酵的方法，让发面达到最优状态。肉馅选用也颇有讲究，肥瘦肉比例为 4∶6，而且肥肉和瘦肉必须分开采购，肥肉采用猪上背段的厚肥膘，瘦肉必须是前腿或里脊肉，这样烤出来的肉馅酥脆可口，满口爆香。菜干是烧饼的灵魂，所以卢窕娃对菜干的要求也

缙云烧饼店入驻高速公路方岩服务区

卢窕娃在培训员工

特别高，她长期与一家缙云著名的菜干厂合作。根据她的特定要求，为其“量身定制”菜干。标准化的操作和管理，达到每个门店的烧饼口感一致。统一的发面方法、统一的馅料配比，加上统一的烤炉温度，大大提高了烧饼的质量和工作效率。

卢窕娃发家不忘乡亲，不忘共同致富。2019 年开始，卢窕娃每年清明节都回乡村开展送温暖活动，烤烧饼免费分发给全村老人品尝。在卢窕娃的带动下，卢秋一个只有 300 人口的小自然村，从事烧饼产业的就达 100 多人。2021 年，在缙云县人力资源和社会保障局的支持下，创办了“卢窕娃技能大师工作室”。卢窕娃以此为抓手，为缙云烧饼制作技艺的传承和乡村振兴创造了更有利的平台和空间。

从 19 岁到 51 岁，从芳华少女到知命之年，一个小烧饼让卢窕娃获得了不俗的成绩和荣誉。但这样的成功卢窕娃并不满足，她认为只有让更多的烧饼师傅加入，传承缙云烧饼技艺，让烧饼产业良性发展才是最好的传承。如今，卢窕娃依然奔波在各地的高速公路上，不断扩大自己的烧饼版图。也许哪一天，我们会与她擦肩而过，在某个高速服务区停留的间隙吃到最正宗的缙云烧饼，为疲惫的旅途带来片刻抚慰。

（十）黄伟光

1970 年 12 月出生于缙云县壶镇美里村，湖川初中毕业，后进修于成人高中。2019 年，荣获“缙云烧饼大师”“中式面点二级技师”的荣誉称号，缙云县缙云烧饼协会常务理事。

黄伟光是烧饼世家的第三代弟子，其父黄景寿，在改革开放之初，就跟随其姨父吕宅贵开始了烧饼生涯。出身军旅的黄景寿以严谨的作风、吃苦耐劳的精神投身到烧饼制作中，不久就成了当地小有名气的烧饼师傅。1986 年，初中毕业的黄伟光放弃县农技校的学业，随父挑起烧饼担走出家门，把祖传的烧饼制作技艺作为自己谋生的手段。从 16 岁开始至今，烧饼事业渐渐成了黄伟光的全部，他把毕生的精力融入烧饼的浓浓香味之中。34 年烧饼生涯，34 年技艺精进，黄伟光从一个懵懵懂懂的毛头小子，磨炼成了缙云县的烧饼大师，同时用自己炉火纯青的技艺烤出一个个皮松肉脆、焦黄透亮的缙云烧饼。

黄伟光制作烧饼选材严格、技艺独到。面粉使用超精面粉，颗粒适中、不会吐水，发酵时间易于掌握；使用 80℃ ~ 90℃的高温水和面，保证面团软硬适中、制作的烧饼劲道而松脆。拌面过程中需要速度快，水从面盆中间倒入，后依次从外往里翻，直到面粉透亮，割开成小块使蒸汽迅速散发，让面粉进入自然发酵状态。面团必须自然发酵；烧饼用肉必须使用五花肉、夹心肉；木

缙云烧饼大师黄伟光

黄伟光参加缙云烧饼节

黄伟光在杭州的烧饼门店

炭用大小均匀的青冈炭。这样，烤出来的烧饼才形如圆月，色泽透亮，有弹性而不涩韧，肉香脆烂而外不焦。

黄伟光成为浙江首家五星级服务区烧饼店店长。高超的技术、货真价实的经营，使烧饼店生意红火，营业额连年攀升，给烧饼店带来了可观的收益。2020 年，黄伟光的烧饼店营业额超过了 200 万元。

黄伟光作为一个缙云烧饼大师，经营是他事业的一部分，最大的心愿是培养更多的烧饼人才，将缙云烧饼发扬光大。现在，黄伟光担任缙云职业中专、缙云县电大烧饼培训班教师，累计培训的学员500多人，签约的徒弟32个。妻子周永萍在黄伟光的指导下，也成了高级烧饼师傅；儿子黄天荣在父亲的悉心指导和严格要求下，通过勤学苦练，成为最年轻的高级烧饼师傅。名师出高徒，黄伟光带出的一批徒弟，个个手艺精湛，独当一面。他们分别在武义、绍兴、嘉兴、上海虹桥机场、上海闵行、杭州城区等地开店经营缙云烧饼，收益丰厚，同时也将缙云烧饼文化带向更广阔的天地。相信在黄伟光的带动下，缙云烧饼人会更多，缙云烧饼的香味会飘得更远。

【贰】缙云烧饼传承谱系

缙云烧饼制作技艺传承形式多样，脉络清晰，主要有以下几个流派：

“朱家烧饼”：元末明初朱和（1333—1374）传明代朱凤来、朱培火等，传清代朱陶友、朱金柱等，传民国朱德唐（1914—1979），传朱巧群（1937—2010），传王飞（1985— ）。“朱家烧饼”掌握缙云烧饼烤制技艺，尤其擅长发面，烤制的烧饼口感松脆。朱家长期跟随缙云婺剧戏班赶台前，据统计，朱家所在的堰沽村，1949年，全村有50多户人家赶台前。

“鲍家烧饼”：由鲍献南（1910—2000）传鲍瑞良（1951— ）再传鲍旭丹（1971— ）、赵一均（1969— ）。“鲍家烧饼”擅长于烧饼馅料制作，成功研发牛肉饼、羊肉饼、榴梿饼等品种。赵一均 2014 年担任缙云烧饼协会副会长，被聘为缙云县电大烧饼培训基地和壶镇职业高中烧饼培训基地教师，参与《缙云烧饼制作规程》的制定。

“吕家烧饼”：吕土福（1913—1996）传吕宅兴（1951— ），传吕旭荷（1970— ）。“吕家烧饼”的“三刀切肉法”使肉粒均匀，名气甚高。

“北山烧饼”：通过亲戚相带传授技艺，北山人结伴开店的做法闻名全县。传承群体主要骨干有：吕杰飞、吕振鸿、吕坚海、吕樟金等。

缙云烧饼制作技艺传承谱系列表如下：（同代按出生时间为序）

第一代：

鲍献南（1910—2000）；吕土福（1913—1996）；朱德唐（1914—1979）。

第二代：

朱巧群（1937—2010）；鲍瑞良（1951— ）；吕宅兴（1951— ）。

第三代：

李秀广（1956— ）；应显光（1960— ）；朱慧英（1962— ）；吕坚海（1968— ）；黄卫建（1969— ）；吕杰飞（1969— ）；赵

一均（1969— ）；卢窕娃（1970— ）；黄伟光（1970— ）；吕樟金（1971— ）；鲍旭丹（1971— ）；吕军飞（1973— ）；吕礼杰（1973— ）；黄多通（1976— ）；吕旭荷（1970— ）；周凯（1978— ）。

第四代：

李志成（1963— ）；田素叶（1967— ）；杜金妃（1970— ）；马爱兰（1971— ）；周文英（1973— ）；刘建阳（1973— ）；刘伟缙（1973— ）；田剑峰（1980— ）；李敏坚（1984— ）；章振（1989— ）；上官坚东（1993— ）；吕萧一豪（1998— ）；黄天荣（1998— ）。

【叁】烧饼制作培训基地

（一）电大缙云分校缙云烧饼制作培训基地

浙江广播电视大学缙云分校创办于1979年2月。学校坚持“抓技能，促公益，两轮驱动”的策略，致力于开展成人学历教育、社区教育、职业技能培训工作。教学水平和教科研水平一直稳居丽水市县级电大之首，被评为浙江省现代远程教育科学研究先进单位。学校教学设施完善、设备齐全，有300平方米场地和60个工位可供缙云烧饼师傅培训使用，能较好满足年均培训1000名缙云烧饼师傅的需求。2013年10月，受缙云县政府委托，启动了缙云烧饼师傅培训项目。经过两个月的调研、筹备和车间建设，2014年1月8日，首期缙云烧饼师傅培训开班。缙云烧饼师傅培训周期为 8 天 64 课时，考试合格颁发初级技能证书和结业证书。培训基地本着“实用、实效”原则，编写了“缙云烧饼”师傅培训校本教材，教学内容包括：缙云烧饼等特色小吃制作技艺、服务业从业人员礼仪、食品安全与卫生规范等职业规范、创业思路与实务技巧等经营理念。同时，按照“基地化、系统化、专业化”的思路，2015 年和 2018 年，学校与缙云县农村工作办公室、缙云县缙云烧饼品牌建设领导小组办公室、缙云县人力资源和社会保障局等部门紧密合作，经过层层选拔，先后招聘了赵一均、鲍旭丹、丁林基、刘康、李永昌等十余名缙云烧饼大师、高级烧饼师

缙云电大培训基地和烧饼师傅培训项目组人员

傅为特聘教师。

缙云电大缙云分校除做缙云烧饼制作技艺培训外，还十分注重培训的成果转化。2014 年 10 月，培训基地成立了缙云烧饼师傅创业指导中心，邀请创业成功人士分享创业经验，组织精干人员与有关专家到杭、绍、甬、台等地考察，指导协助结业学员就业创业。同时，还在县城缙云烧饼示范店中设立若干个缙云烧饼师傅实践基地，安排学员到示范店实习实践，为创业积累经验，抵御风险。另外，还建立缙云烧饼师傅 QQ 群、微信群等信息交流平台，让学员有组织地交流制作技艺。目前，从已培训的 116 期情况来看，无论是理论课还是实操课，教学双方交流活跃，学习氛围浓厚，师生关系融洽，学员在轻松快乐的氛围中掌握了技能，达到了教学的预期效果。截至 2021 年底，共有 5700 余名学员顺利结业，获证率 98%。同时，烧饼的品牌效应吸引了大量外地参观学习者，累计达 176 批次。

缙云电大分校在做好教学的同时，还十分重视师资队伍建设，特别是在教学科研工作方面，成果丰硕。申报的“缙云烧饼师傅培训”项目为丽水市唯一的省级重点社区教育实验项目，论文《农村社区教育助推地方特色产业的实践与思考——“缙云烧饼”师傅培训热现象探析》在《社区教育》杂志上发表，论文《融合与传承：依托“缙云烧饼”传播优秀地域文化的策略》获得了浙江

缙云电大缙云烧饼制作培训基地

省社区教育论文评比一等奖，报送的《开展“缙云烧饼”师傅培训，助推地方特色产业跨越发展》荣获全省社区教育优秀案例二等奖。2016 年 9 月，缙云烧饼师傅培训项目被评为浙江省“终身学习品牌项目”。2019 年 6 月，缙云电大分校参与编写的《乡愁的记忆——缙云烧饼》一书由浙江教育出版社出版。课题“以非遗传承为依托，提升农村文化礼堂的‘两度’——基于缙云社区学院的探索实践”列入浙江省社区教育实验项目，课题“以非遗传承提升农村文化礼堂的‘两度’——基于缙云社区学院的实践探索”列入丽水市社区教育重点课题。

（二）缙云县职业中专壶镇校区缙云烧饼制作培训基地

缙云县职业中专壶镇校区是一所致力于培养学员知识技能、职业道德和指导就业的中等职业技术学校。该校缙云烧饼培训制作基地创办于2014年6月，至今已有近8年培训历史，是广大烧饼制作者学习烧饼技能、走向劳动致富的摇篮。培训基地占地面积210平方米，有20个烧饼桶，20张操作台，20个猛火炉，砧板、水槽、炭桶、刀具、调料罐等配套设备一应俱全。另外还有一间食品储存室、木炭储藏室。培训基地师资力量雄厚，赵一均、吕坚海、朱慧英、吕杰飞、黄伟光、黄多通6位缙云烧饼大师和丁林基、吕宅兴、朱国飞等高级烧饼师傅承担烧饼制作教学工作。培训基地与缙云县缙云烧饼品牌建设办公室、缙云县人社局、电

缙云职业中专壶镇校区缙云烧饼制作培训基地培训现场

大缙云分校联合编写了《缙云县烧饼师傅培训教材》，作为学员学习的通用教材。教师麻锦霞、叶云汉编著，西泠印社出版社出版的《缙云特色小吃制作》一书，作为学员的教学辅导材料，培训内容主要以学员实际操作训练为主。缙云烧饼培训分专项能力和等级提升两个层次：参加专项能力培训的考试通过的，由缙云县人社局颁发专项能力证书；参加等级提升培训的，视考试成绩分别颁发高级、中级面点师（缙云烧饼师傅）证书。培训周期为 8 个工作日，计 56 课时。截至 2021 年底止，共组织培训 81 期，参培学员达 4000 多人次。其中专项能力培训 72 期，等级提升 8 期，残疾人培训 1 期。2018 年，与德清雷甸成人技校开展“山海合作”缙云烧饼制作视频连线教学授艺活动；与丽水市残疾人联合会、缙云烧饼办联合组织丽水市非遗项目缙云烧饼制作班，助力残疾人就业。近年来，缙云县职业中专壶镇校区教学成果十分显著，在培训基地培训结业的学员就业率达 90%，人均年收入大都在 20 万元以上。

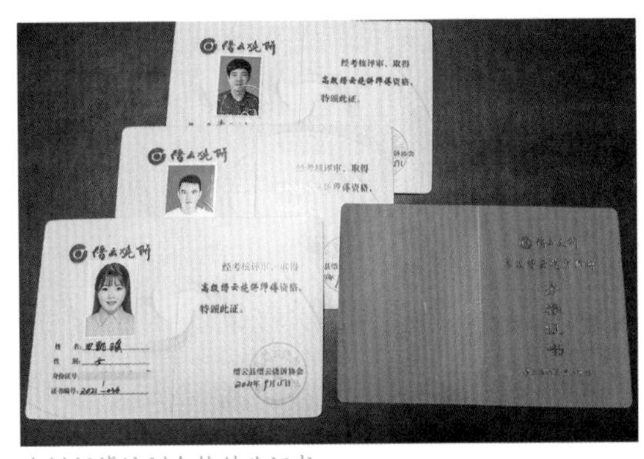

烧饼师傅培训合格结业证书

【肆】烧饼制作群体及其形成

在缙云县成立烧饼品牌建设领导小组办公室前，缙云烧饼制作群体发展是不均衡的，是分散的，是以宗族血缘、地缘关系发展起来的。用当地的话讲就是父子、兄弟、亲戚、老乡、师徒等关系带动起来的。改革开放后，缙云烧饼再次兴起。烧饼家族也在壶镇重新发力，通过他们的打拼，培养发展壮大了缙云烧饼业队伍。流传在缙云民间做烧饼发家致富的故事一个比一个更加富有传奇色彩……“胖子烧饼”应显光从一个欠债 1 万元的烧饼哥，到 200 万元买套房、两台车的百万富翁。在西塘开烧饼店的最帅烧饼哥李敏坚，每天卖出的烧饼需要用掉 100 多斤面粉，日营业

胖子烧饼应显光

烧饼哥李敏坚

额超万元，一两年就赚个钵满盆满。卢窕娃在高速服务区开店一年就赚了上千万，这些靠做烧饼发财的“神话”不断在缙云传播……烧饼业的崛起和腾飞有赖于缙云县政府的大力扶持和推动，特别是时任缙云县委书记朱继坤，在他的积极倡导下，缙云县出台了一系列政策，刺激了烧饼从业队伍爆发式增长。缙云县有关部门按照“培训机构基地化，培训内容系统化，从业人员专业化”的思路，把缙云烧饼师傅培训作为农村劳动力素质培训的一项重要内容，建立长效机制，形成多层次人才队伍。首先，创建烧饼师傅基地。建立了电大缙云分校和缙云县职业中专壶镇校区两个培训基地，满足社会化培训需要，同时在缙云县职业中专创办为期三年的厨师专业烧饼培训班，为缙云烧饼产业培养高级人才。其次，聘请名师因材施教。根据产业发展要求，科学编制教材，合理安排课程，聘请知名师傅传授制作技术。同时开设理论、策划、营销等方面课程，培养“工匠精神”，让学员既能做“烧饼师傅”又能当“烧饼老板”。再次，规范考证工作。严格按照缙云烧饼制作规程以及有关技能与质量标准，对参加考试的学员进行评定打分，给考评合格的学员颁发缙云烧饼初级技能证书和结业证书。最后，开展创业就业指导。两个培训基地都建立了缙云烧饼师傅创业就业指导中心和缙云烧饼师傅微信群，开展创业就业指导服务工作。通过 8 年培训与实践，涌现出一大批懂技术、善经营、懂管理的多层次、年轻化缙云烧饼人才。

缙云县委、县政府十分重视缙云烧饼制作技艺的保护传承工作，成立了缙云烧饼协会。截至 2021 年，会员达到 900 多人，共举办烧饼制作技艺培训班 217 期，共培训学员 1 万余人次。为了在缙云产生全县范围的带动效应，举办了副处级以上干部的烧饼培训班，提高烧饼制作传承发展意识，带动全县群众参与烧饼创业。开展对高龄烧饼师傅抢救性记录、录像、口述文档整理工作，收集整理了缙云烧饼师傅、烧饼制作过程图片、影像、记录文字等数据，收集制作烧饼的工具实物；设立烧饼师傅工作室，完善烧饼技艺专题数据库，建立烧饼文化专题馆。促进烧饼制作技艺的保护与传承，激发普通创业者学习烧饼制作技艺的兴趣。大力支持烧饼师傅带徒授艺，使这项手工技艺后继有人。召开全县烧

2014年缙云烧饼协会成立

饼师傅、从业人员大会，表彰优秀先进单位和个人，建立县级“缙云烧饼”活态传承示范点5个。采用摄影、录音录像制作记录教学片，完善烧饼制作技艺的资料建档。

为加强传承群体队伍建设，缙云县人民政府办公室印发了《缙云县非物质文化遗产保护工作实施意见》通知，建立非遗保护工作组织机制，落实非遗保护工作责任；缙云县财政把非遗保护资金列入年初财政预算，设立专项资金用于扶持缙云烧饼产业的发展和制作技艺的保护和传承；缙云县文化广电新闻出版局印发了《缙云县非遗传承基地管理暂行办法和传承人管理暂行办法》等，规范烧饼行业行为，促进传统技艺传承和推动产业的健康发展。

入相
出将

四、烧饼制作技艺的文化和价值

缙云县包括缙云烧饼制作技艺在内的非物质文化遗产，是缙云人民群众口传心授、世代相传的、无形的、活态流变的文化遗产。它充分体现了缙云人民在历史进程中逐步形成的优秀文化价值观念和审美理想，凝聚着缙云全体人民群众深厚的文化基因展现了缙云人民丰富的文化创造力。

四、烧饼制作技艺的文化和价值

缙云县文化资源丰厚，优秀的物质文化和民间民俗文化相映成趣。境内包括缙云烧饼制作技艺在内的非物质文化遗产，是缙云人民群众口传心授、世代相传的、无形的、活态流变的文化遗产。它充分体现了缙云人民在历史进程中逐步形成的优秀文化价值观念和审美理想，凝聚着缙云全体人民群众深厚的文化基因，展现了缙云人民丰富的文化创造力。

【壹】烧饼制作的相关习俗

缙云烧饼承载着当地百姓的生产方式和生活习俗。20 世纪 80 年代初期，缙云籍作家吴越先生著的《括苍山恩仇记》，这本被誉为近代浙西南民风民俗的活辞典中，涉笔缙云烧饼达 30 余次。虽然书中提及的缙云烧饼是不是烧饼习俗，还不好说，但是烧饼融入缙云百姓日常生

缙云籍作家吴越著《括苍山恩仇记》

活，与当地的习俗密切相关，这是毫无疑问的。换句话说，烧饼制作技艺的起源、现状、流变及其影响，与许多缙云当地的物产、传说故事、风俗习惯、生产商贸、祭祀仪式、行业神崇拜等有着千丝万缕的联系。因此，研究烧饼相关习俗，对于发掘提升烧饼文化、旅游、经济、社会价值有着不可忽略的意义。本节着重介绍当地与烧饼有关的习俗。

（一）吃烧饼

吃烧饼，在当代社会也许是缙云民众生活中一件离不开的事。但在那个生活条件并不好、连饭也吃不饱的年代，烧饼其实是当地百姓的奢侈品，一生之中难得吃上几次。过去，在缙云民间比较殷实人家才有分烧饼给别人吃的做法，叫“分福”，施舍给戏台前的乞丐，称之为积功德。村里请来戏班子演戏时，会买烧饼赠送给前来看戏的客人或亲戚吃，或孝敬给长辈吃。此外，如果唱的是“讨饭戏”（苦难题材戏的俗称），观众都会去台前烧饼摊买来烧饼扔到台上表示同情。在改革开放前，缙云农村小孩子吃到烧饼，往往是书读得好，考试成绩得了优，排名得了全班第一时，作为奖励，大人才会买个烧饼给

困难时期的小孩难得吃上一次烧饼

烧饼和面饺

他吃。再就是放羊放牛等干活表现积极也能得到烧饼奖赏。分享烧饼、吃烧饼的习俗延续到了今天的缙云已经变得更具时代意义。比如烧饼大师卢窕娃几乎每年都要在清明节回乡送温暖，将烤好的烧饼分发孝敬给全村的老人品尝，祝福老人们健康长寿。烧饼大师吕坚海带领烧饼师傅在每年正月初八“北山烧饼节”上进行烧饼大放送，前后共有 3 万余人免费品尝到烧饼。另外，吃烧饼在缙云还有面饺作助餐“伴侣”的习俗。面饺是湿的，烧饼是干的，一干一湿，相得益彰，其乐无穷。所以缙云烧饼铺（摊）几乎都既卖烧饼又卖面饺，烧饼搭配面饺也是缙云餐饮风俗的一大特色。

（二）赶台前

在近现代，缙云烧饼与当地的戏曲文化有着密切关联。缙云烧饼最为原始的销售途径之一，就是通过地方戏曲演出来实现的。这种售卖方式在缙云当地被称之为“赶台前”，“台”即“戏台”。“赶台前”就是在戏文演出前或者演出时，在戏台前制作和售卖烧饼。缙云是有名的“戏窝子”，老百姓对看戏唱戏的痴迷是远近闻名的。在缙云当地，逢年过节、老人祝寿、民俗活动、许愿还愿、

赶台前

寺院开光等重要场合都有请戏班演戏。缙云戏曲有广泛的群众基础，民间剧团遍布全县各地，盛演不衰；最旺时，有剧团 140 多个。在 20 世纪八九十年代，全县戏曲年演出达 3 万多场次。2019 年，尚有 22 个民间职业剧团，从业人员 1500 多人，保存完好的古戏台有 400 多个。毫无疑问，演戏的盛况很好地带动了当地的烧饼经济，发展并壮大了缙云烧饼产业和烧饼师傅队伍。可以这样说，哪里有戏班哪里就有烧饼摊，演戏与烧饼摊，成了缙云境内一种相沿成习的风俗。

（三）烧饼打擂

20 世纪 60 年代，在壶镇溪头街曾有两个烧饼师傅打擂台。擂台一方吕立培，在壶镇众多的烧饼摊中名气最大。吕立培人聪明，肯动脑筋，特别对面食颇有天赋。他根据气温变化摸索出一套面团发酵经验。吕立培做的烧饼比别家的柔软、可口，远远就能闻到烧饼香味，因而得到食客们的青睐。擂台另一方张三山，出于嫉妒，仗着自己也有一身烤烧饼的手艺，就向吕立培宣战："我就不信烤饼手艺比不过你。"吕立培听后，马上应允与其比试。于是有了一场溪头街有史以来的"烧饼打擂台"奇闻。擂台就设在括苍塘北角的十字街口。时间约定为三晚，每人 5 斤麦面，5 斤肉，烤完收摊，以谁先卖完论输赢。到了晚上 6 点，两人准时到指定地点，两摊相隔不到 5 米。闹哄哄的人群中有人喊道"开始"，两

缙云烧饼制作大赛评选现场

人便开始动手做。张三山嘴甜，边烤边吹牛。吕立培口吃说话不利索，但凭实力。的确，两人都不敢马虎，因为有上百双眼睛盯着他俩。第一天，两人的烧饼一出炉就一抢而空。第二天，吕立培的烧饼炉炉卖光，张三山饼桶内尚有余货。第三天，张三山料想比不过吕立培，不敢比拼，溜走了。为此，一场擂台赛也悄悄地落下帷幕。

近年来，政府积极引导把缙云烧饼做大做强，并作为民生实事来抓。自 2016 年至 2019 年，先后举办了两届烧饼师傅技能大赛，开展了“缙云烧饼大师”评比活动，先后评出了 10 名烧饼大师，同时也选派烧饼师傅参加丽水市、浙江省的小吃餐饮竞技比赛活动。这些当代“烧饼打擂”活动，不仅赋予了新的时代意义，同时也给烧饼富民、乡村振兴带来了新的活力。

（四）从师习俗

制作烧饼从师学艺虽然没有其他行当来得复杂，但在从前也颇多讲究。通常徒弟要身强力壮，可以从事高强度体力活，如搬烧饼担、揉面等。要肯吃苦，才经得起风餐露宿的辛苦。学徒期一般为两年，第一年只干挑担、揉面、生火、收摊、洗碗等粗活，第二年才逐步接触发面、做饲、贴饼等技艺。“一日为师，终身为

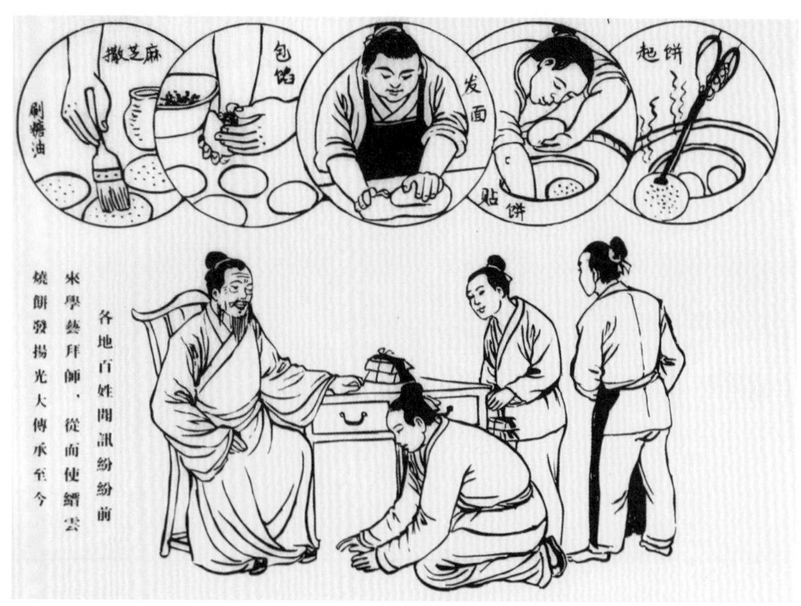

烧饼制作拜师学艺场景图

父”，讲的是要孝敬师傅，除拜师时送大公鸡和老酒等礼物给师傅外，哪怕是出师后，每年大年初一也要人到礼到，怕的就是徒弟“翅膀硬”。所以不少师傅核心技术留一手，用来考验徒弟的尊师程度，决定是否要“倾囊相授”。有的师傅怕“徒弟出山，师傅讨饭”，永远不让徒弟“青出于蓝而胜于蓝”。学徒期间没有报酬，但包吃包住。一般都有一口铜罐放在饼桶口用来做饭热菜。徒弟虽然天天闻到饼香，但想吃个烧饼是难上加难，除非烧饼烤煳或掉入炉腔才有此口福。也有调皮的徒弟就故意将饼掉入灰中，尝一口烧饼味道，虽要挨师傅一顿臭骂，但比起吃剩饭剩菜或饿肚子要强很多。

（五）张山寨七七会

烧饼师傅一般是不太会错过那些影响大、人流集中的民俗活动。在缙云除了闻名中外的黄帝祭典外，人流集中、影响大的活动就要数张山寨七七会。这是在农历七夕举办的民间信俗活动，始于明朝万历初年。传说，农历七月初七是陈十四娘娘的诞日，每年这一天，当地民众都要在张山寨举行规模盛大的会案活动，朝拜祭祀陈十四娘娘以祈福。会期，各种独特风格的古老民间表演节目都在这里竞相献艺。参与人员除本地民众外，还有来自浙江、福建以及台湾等地的信众。活动组织沿用明代主事村轮值制，即由轮值村主持活动事宜。整个活动有设立案坛、上寨迎轿、巡

张山寨七七会

戏台前的烧饼摊

游祈福、请神献戏、山寨守夜、会案表演、祭拜归位等程式。请戏班演戏是其中的一个重要内容，演戏一般须连演 3 到 7 天。早期，初七这天每个“案坛”首事村还要分别请戏班上寨斗台演出。庙前四个戏台，每班各演三个“散出”（短剧），以放火铳为号：一炮准备，二炮开锣，三炮定输赢。以三炮响时台前观众最多者为胜。因此，张山寨七七会斗台戏都是名角云集，绝技纷呈，场面异常热闹而又紧张。烧饼师傅的烧饼也是在这个时间里销量最好，因为请客品尝、孝敬长辈、施舍给乞讨者等都是在这个时间。小孩子也看准时机向父母讨钱买烧饼，这也是父母最愿意掏钱的时候。当然，观众中也有拿烧饼作为筹码竞猜斗台戏的输赢，竞猜的结果往往是输者请赢者吃烧饼而告终。

【贰】烧饼制作的文化内涵

缙云烧饼作为面食加工的一朵奇葩，从地域流派上说，它是地域特色鲜明的缙云民间食品，适应浙中南民众饮食习性，从而被人们不断加以改造、发展和创新，使缙云成为蜚声全国乃至海外的浙中腹地重要县城。缙云及其周围地域的生产结构与生产方式，为缙云烧饼的发展提供了适宜的生产和消费环境。无论是产品的溯源流变，还是适应变化而不断反复的营销手段，直至这一传统技艺的兼容并蓄与推陈出新，都使之闪现出独具特色的光彩。从时间上来说，上可追溯到较为久远的南宋时期，与浙中南地区农耕文化、陶瓷手工业文明相伴而生；就其经营主体来看，作坊摆摊规模小、工艺精、手工操作是其显著特点，必须做细、做精，止于至善，才能有生存和发展空间，这是每个烧饼师傅制作烧饼不变的理念。从营销策略看，它既保留路边摊或者烧饼铺传统，又善于寻求行之有效的新发展途径。近年来，为适应城市化进程的新形势，以开设连锁店和淘宝店线上销售方式进行营销。在产品形制的演变轨迹中，既有北方中原地区胡饼的雏形，又有缙云当地姐妹食品的印记，并适应消费者对小吃食品不断变化的需求，才形成如今缙云烧饼形态。在制作技艺成熟的过程中，它有赖于当地面食文化圈对面食的不断改进与融合。特别是到了新时期，研发出如“板栗烧饼”“榴梿烧饼”“蛋黄烧饼”“半酥烧饼”等网红产品。烧饼成为游客游缙云必吃的一道美食，旅游结束后返乡还多次网购。缙云烧饼作为一种乡村美食文化，提供了一种“舌尖上的缙云”的体验。究其原因，是因为聪明手巧的缙云烧饼师傅对市场需求的灵活把握，更是兼容并蓄、推陈出新的结果。在制作技艺的传承上，打破了传统行业“教会徒弟、饿死师傅”禁忌，不再对技术加以保密和垄断，而是对求艺习艺者倾囊传授，从很大程度上让烧饼技艺得以延续和繁荣。在近现代，虽历经战乱灾荒的冲击和十年“文化大革命”的影响，缙云烧饼传统技艺的传承和发展随之起伏，但始终未有中断。且从缙云到省内，由

新研发的榴梿烧饼

国内到国外，不断推出扩大缙云烧饼的影响力，其独特性和生命力是显而易见的。缙云烧饼所代表的浙中南民间饮食文化，是江南细腻精作风格饮食文化的重要组成部分，其所传递继承的厚德重道的人文精神、达观善变的人生态度和纯厚质朴的乡土风俗，有着独特的文化内涵。

缙云烧饼文化在发展形成过程中，受到当地各种文化的浸润和滋养，并成功地塑造了烧饼独有的文化特征。比如，与传说中人文始祖轩辕黄帝联系起来，演绎了一则非常生动的缙云烧饼起源的神话故事。又与明代神机妙算的开国功臣刘伯温的《烧饼歌》联系起来。无论是黄帝与烧饼的故事，还是刘伯温的《烧饼歌》，

它的历史真实性暂且不去讨论，但毋庸置疑的是，其作为民间文学的审美功能却真实存在的；它的沟通文学活动中主客体之间的美感和情感需求，使人获得精神愉悦和审美理想也是真实存在的。当然，它同时也让食客感受到了烧饼来历的不俗和有趣的文化内涵，从而对缙云烧饼产生浓厚的兴趣和好奇，提升了烧饼在消费过程的文化意义。

我国烧饼历史悠久，汉代即有文献记载。到了南宋时期，周密的《武林旧事》中记载着烧饼与杂剧的内容，周密在书中罗列了几百出官本杂剧名称，其中就有“烧饼爨”。“爨”是宋杂剧、金院本，通常把某些简短的表演称为“爨”，如《讲百花爨》《文房四宝爨》《钟馗爨》等。可见烧饼不仅在喜欢饼食的宋人食谱中十分重要，同时影响了当时人们的生活日常，并深刻影响到了人们的精神文化生活，以至于连唱戏的段子也以“烧饼”命名，可见“烧饼”在南宋时受欢迎程度之高。南宋时期，人口南迁，大量面食北人来到缙云，带来了烧饼的同时，也把与烧饼相关的文化带入进来，它作为一种印记影响到了缙云民众生活的方方面面。

同乡音乡情一样，烧饼也是一份“乡愁”，在区域内饮食文化心理与百姓市场获得了广泛认同。随着经济发展和人民生活水平的提高，人们面对的食品品种日益繁多，对待小吃的需求不再作为果腹佐餐之用，而是追求更高口感的美味享受。与膨化食品、炸制食品等新型小吃相比，缙云烧饼因其浓厚的乡土文化和人们对在食品匮乏的年代美食的怀念，更容易让人无法释怀，在心理上极易产生渴求感。尤其在缙云本土及周边区域饮食文化圈内，人们对烧饼这一食品的心理需求更加突出。海外游子和国内食客常常为了能吃上缙云烧饼而不远千里来当地品尝，更少不了还要打包带走。在当地烧饼、爽面、面饺、粉皮等各类土特产品中，烧饼当之无愧地称为“领军产品”。大俗大雅的缙云烧饼已然是一种传统食品，更是一种文化载体和文化形象。它承载着丰富的历史、文化和民俗信息，成为浙中南地区食品类的传统手工技艺和

烧饼打包外带包装

传统食品的典型代表，具有鲜明的文化传承功能。

缙云烧饼的关联群体同时也是缙云烧饼文化的践行者。文化任何时候都是为人服务的，正因为如此，作为文化形态的缙云烧饼制作技艺是因烧饼消费者的需要而产生了服务价值和需求价值，这种服务和需求的价值中就包括文化内涵，因为它是由人所创造出来的。它俨然已超越了作为物质果腹美食层面的需求，更是成为人的一种文化需求。缙云烧饼师傅在制作生产烧饼的同时，也在创造一种文化，这种文化提升了生产制作烧饼时逐渐形成的精神需要，由此而出现了烧饼作为物质的存在和作为文化产品的存在，这个过程本身及其结果就是文化提升，而且是烧饼技艺最本真的文化内涵。

无疑，缙云烧饼文化是一笔弥足珍贵的财富，它支撑着烧饼产业的蓬勃发展。任何一个产业的发展壮大都离不开文化的支撑。纵观世界各大知名品牌，无论是肯德基还是麦当劳，都非常注重发挥文化的作用，并在发展过程中不断丰富和完善着文化内涵。一个没有文化支撑的产业，尤其是饮食产业，是无法做大做强的，就算一时兴起，也如同昙花一现，得不到长远发展。因此，在发展产业过程中要充分挖掘相关文化，用文化为品牌的发展支撑起广阔的舞台。发展烧饼产业没有文化支撑是走不远的。缙云在烧饼品牌建设过程中，很好地结合了当地久负盛名的黄帝文化等文化内涵，并挖掘整理了相关民间传说，使小小的烧饼一下子活了起来，有了灵性的烧饼发展起来如鱼得水，更将活力无限。

【叁】烧饼制作蕴含的价值

在上两节当中我们对缙云烧饼的相关习俗、文化内涵做了较为详尽的阐述，本节着重结合烧饼师傅及其群体的传承实践和人文精神，对烧饼制作的经济价值、旅游价值、社会价值进行研讨。

（一）烧饼制作的经济价值

缙云烧饼直接的经济价值就是烧饼师傅每天制作烧饼并出售烧饼获得的收益；间接经济价值应该是指与烧饼相关联的其他行为所产生的收益。比如说开设培训班培训烧饼技师，扩大再生产，形成产业链，产业群体，并产生烧饼的集团效应和收益；再比如说与烧饼相关的文化活动、旅游活动所带来的影响，转化成经济效益。

其实，缙云烧饼从它诞生的那天起即肩负起赚钱谋生的使命，因此它的第一价值便是经济价值。从最初的缙云当地乡民挑着烧饼担，游走在乡间小路、街头小巷，叫卖着烧饼面饺开始，到摆摊、作坊式的经营，再到现在民间自发、政府扶持、社会合力推动形成烧饼产业化发展。整个发展过程，缙云烧饼的经济价值是贯穿始终的。以前，缙云烧饼依托当地农村繁盛的戏曲演出打开销路。那时所体现出来的经济价值是通过制作出售烧饼换取点滴

烧饼师傅走街串巷谋生计

货币来解决果腹度日问题，因此是十分微薄的，是不太起眼的。由此，作为主体的烧饼师傅的经济社会地位显然是不高的。

缙云所在的浙江省，是新时代全面展示中国特色社会主义制度优越性的重要窗口，也是中共中央和国务院支持下高质量发展建设共同富裕示范区。经济社会的繁荣发展，带来了省内外众多投资者和农村劳动力的聚集，常住人口和外来人口多年来持续增长，流动人口络绎不绝。人口众多、社会经济持续发展，均需要大量的精美的地方特色食品。城市规模的逐步扩大，人们购买力和消费水平的显著提高，给娱乐业、饮食服务提供了很大的发展

浙江省农博会缙云烧饼制作现场排起长队

中法文化交流现场法国友人争相品尝缙云烧饼

空间。正是在这种社会条件下，缙云烧饼才有可能被打造成为今天的“中华名小吃”。

缙云县委、县政府正是看到了烧饼虽小，但蕴含着厚重的文化价值和潜在巨大的经济价值，他们便把目光投放到烧饼经济上来，运用现代产业经营模式来培育发展缙云烧饼产业，通过做大做强缙云烧饼产业，助力全县农民创业致富，着力打造成为富民增收的“新产业”。2013 年 7 月，在充分调研基础上，正式启动了“缙云烧饼”品牌化建设计划。2014 年，缙云县委、县政府审时度势，成立“缙云烧饼”品牌建设领导小组，下设办公室，负责“缙云烧饼”品牌建设重大事项的组织协调工作，落实成员单位工

建设中的缙云烧饼文化展示中心

作职责，制定下发《关于缙云烧饼品牌建设的实施意见》和《关于推进缙云烧饼品牌建设的若干意见》等专项政策。同年，缙云县缙云烧饼协会成立，并开工建设缙云烧饼文化展示中心，推广标准化示范店。2015年，推进“缙云烧饼”品牌建设被列为缙云县十大民生实事之一。相关部门狠抓落实，相继推出了一系列促进措施。2016年，缙云烧饼品牌建设工作持续得到了省、市领导的肯定，省内多个县市区前来学习取经。缙云烧饼品牌建设形成“缙云烧饼现象”，“烧饼模式”不断地被研究和复制。缙云烧饼几年来持续走红，成为全县特色餐饮龙头产业和助农增收典范，其衍生的上下游产业链如文化展示、缙云菜干、土猪、土麦等为全县农民增收提供了有效的新渠道；促进了缙云菜干、缙云烧饼桶、炉芯、养猪、原辅料供应等基地化建设，缙云烧饼原材料供应中心业已建成。

（三）烧饼制作的旅游价值

缙云烧饼已成为缙云县对外宣传的重要窗口，是进一步传承缙云黄帝文化，弘扬缙云特色小吃文化，展示缙云文化软实力的重要名片。缙云县境内旅游资源丰富，山清水秀，人文景观和民俗文化层出不穷。缙云是浙江省旅游强县，中国最佳生态旅游县，浙江省文明风景旅游区，中国最佳节庆旅游景区、全国节庆活动百强，浙江省最值得去游玩的五十个景区之一。其中，仙都景区

国家5A级景区——仙都

为国家 5A 级景区，黄龙景区为国家 4A 级景区；五云街道、大洋镇为浙江省政府命名的旅游强镇；壶镇岩下村、大洋环湖村、仙都笋川村为浙江省政府命名的旅游特色村。近年来，缙云县接待游客人次逐年递增，旅游及相关产业快速增长。缙云烧饼在旅游产业中发挥着自身独特的作用，其旅游价值显得尤为突出。正如时任缙云县委书记朱继坤在中央党校《学习时报》刊文所说的那样：“‘缙云烧饼’承载的历史文化内涵，被缙云人做出了烧饼和黄帝文化、仙都旅游相结合的大文章。中央电视台《中国早餐》栏目专门播出了专题片，‘缙云烧饼’被评为‘中华名小吃’，烧饼之火越烧越‘旺’。烧饼成为旅游开发的一个新亮点，正在迸发出巨大的经济效益，极大提高着缙云的美誉度和知名度。”

缙云烧饼品牌在短短几年内迅速打响，烧饼的影响力已经在全国直至海外形成。随着烧饼品牌的形成，缙云和缙云旅游的知名度也大幅度提升，烧饼的旅游价值得到了前所未有的体现。当前，缙云烧饼成为缙云县和缙云旅游的文化符号之一，提到缙云县或缙云旅游，人们首先想起的就是缙云烧饼。我们可以这样认为，一个烧饼摊甚或一个烧饼示范店的出现，就是一个缙云县和缙云旅游的活广告。从标准门店符号设计、布局，到有关烧饼的传说、故事挂墙推出，都将缙云县或缙云旅游在烧饼师傅制作销售烧饼的过程中进行了宣传。近年来，缙云烧饼为缙云带来的直接和潜在的旅游价值、旅游效应比任何时候都要大得多，已经远远超过缙云旅游本身的价值。同时还可以这样分析，凡是吃过一个缙云烧饼的顾客会有意无意中与缙云发生一次碰撞或有一次了解。如果是一位有心的烧饼消费者，他还很有可能会对缙云的自然山水风光、人文景观产生兴趣，并作深入了解。据相关数据测算，截至 2021 年，在全球范围内开出的烧饼门店（含铺、摊点）为 8000 余家。平均每家每年销售的烧饼约为 46.5 万个，全县每年销售烧饼近 4.8 亿个。仅最近的七八年时间里，缙云烧饼已累计销出达 20.18 亿个。也就是说，这些年来，通过烧饼至少有 20 亿人次对缙云这个名字产生碰撞。如果把网络商店、移动终端、新媒

色香味俱佳的缙云烧饼

体销售数量计入的话，那么与缙云碰撞的数字将达到更为惊人的地步。由此可知，通过烧饼制作销售途径，宣传推广缙云及缙云旅游获得的关注度，为缙云旅游带来的效应是巨大的。

其实，烧饼为旅游带来附加值，这在缙云旅游景点十分普遍。就拿缙云的主景区仙都鼎湖峰景区来说，以缙云县烧饼总部为龙头，十七八家烧饼店铺在仙都景区轩辕街一字排开。尽管烧饼铺子比其他景区多了十多倍，但鼎湖峰一地游客量照样让烧饼天天脱销。在仙都鼎湖景区还建有缙云烧饼文化展厅，这既是缙云乡土文化教育基地，又是景区重要的旅游景点。传统缙云烧饼摊点，烧饼师傅夫妻、店员配以传统服饰成为景区的一道风景，提升了景点文化内涵，在烧饼与旅客之间形成互动体验，加深游客对景点的特色印象，提升了旅游消费。烧饼为鼎湖峰景区带来了游客，而游客也为烧饼带来了消费，两者相辅相成，相得益彰，共赢发展。因此，烧饼的旅游价值在缙云景区中获得了充分发挥和体现。

2016 年 7 月 22 日，《中国经济时报》刊登缙云烧饼高手里的头把交椅、吃货心中的“烧饼一哥”李秀广以年薪 35 万元被缙云黄龙景区挖走的报道，被各媒体争相转载。缘由起于“老李烧饼”的铁杆粉丝、缙云黄龙景区老板吕普龙，每次只要想起老李的烧饼味，都会驾车去老李在壶镇宫前的烧饼铺子解馋，遂有意请老李到景区开店。因李秀广在老家经营烧饼生意很好，并没有想去景区经营的打算，所以吕普龙一次一次前往壶镇邀请。最后开到了 35 万元年薪，李广秀才

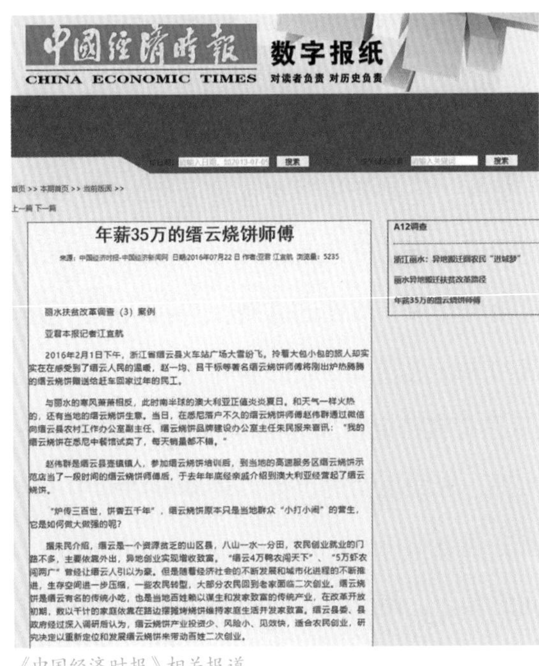

中国经济时报 数字报纸
CHINA ECONOMIC TIMES 对读者负责 对历史负责

首页 >> 本期首页 >> 当前版面 >>

上一篇 下一篇

年薪35万的缙云烧饼师傅

来源：中国经济时报-中国经济新闻网 日期2016年07月22日 作者:亚君 江宜航 浏览量：5235

丽水扶贫改革调查（3）案例

亚君本报记者江宜航

2016年2月1日下午，浙江省缙云县火车站广场大雪纷飞，拎着大包小包的旅人却实实在在感受到了缙云人民的温暖，赵一均、吕干标等著名缙云烧饼师傅将刚出炉热腾腾的缙云烧饼赠送给赶车回家过年的民工。

与丽水的寒风萧萧相反，此时南半球的澳大利亚正值炎炎夏日。和天气一样火热的，还有当地的缙云烧饼生意。当日，在悉尼落户不久的缙云烧饼师傅赵伟群通过微信向缙云县农村工作办公室副主任、缙云烧饼品牌建设办公室主任朱民报来喜讯：“我的缙云烧饼在悉尼中餐馆试卖了，每天销量都不错。”

赵伟群是缙云县壶镇镇人，参加缙云烧饼培训后，到当地的高速服务区缙云烧饼示范店当了一段时间的缙云烧饼师傅后，于去年年底经亲戚介绍到澳大利亚经营起了缙云烧饼。

“炉传三百世，饼香五千年”，缙云烧饼原本只是当地群众“小打小闹”的营生，它是如何做大做强的呢？

据朱民介绍，缙云是一个资源贫乏的山区县，八山一水一分田，农民创业就业的门路不多，主要依靠外出，异地创业实现增收致富。“缙云4万鸭农闯天下”、“5万虾农闯两广”曾经让缙云人引以为豪。但是随着经济社会的不断发展和城市化进程的不断推进，生存空间进一步压缩，一些农民转型，大部分农民回到老家面临二次创业。缙云烧饼是缙云有名的传统小吃，也是当地百姓赖以谋生和发家致富的传统产业，在改革开放初期，数以千计的家庭依靠在路边摆摊烤烧饼维持家庭生活并发家致富。缙云县委、县政府经过深入调研后认为，缙云烧饼产业投资少、风险小、见效快，适合农民创业，研究决定以重新定位和发展缙云烧饼来带动百姓二次创业。

A12调查

浙江丽水：异地搬迁圆农民“进城梦”

丽水异地搬迁扶贫改革路径

年薪35万的缙云烧饼师傅

《中国经济时报》相关报道

答应下来。缙云黄龙景区副总柳圣说："现在看来，老板（指吕普龙）的眼光不错，很多吃货因为想吃老李的烧饼才来景区，老板不止一次地说过要终生聘用老李。现在的情况不是我们炒老李，而是我们怕老李炒我们啊。"从景区的角度来看，烧饼大师在景区经营烧饼是给景区带来客流和烧饼销售双重利好，实现了烧饼经营和景区旅游收益的双丰收。从烧饼师傅的角度来看，借助景区的大平台，可让自己的烧饼卖得更多更好。事实正是如此，李秀广在景区的这几年，年营业额是原来的3倍还多。这是一个在缙云黄龙景区以烧饼"名人名店"效应来带动旅游的经典案例，也是真真切切体现烧饼旅游价值的事实，没有掺上半点水分。

旅游价值指的是旅游活动的效应。缙云烧饼的旅游价值的本质是缙云旅游客体的主体化，是缙云旅游客体对主体本质力量效应的实现。烧饼的旅游价值是旅游资源是否能够转化成为缙云旅游客体的依据，是衡量旅游管理有效性的客观标准。从旅游客体方面看，烧饼旅游价值的实现过程就是旅游客体由"潜价值"到"显价值"的转变过程。只有在特定烧饼的主体消费中，烧饼的旅游潜在的价值才得到实现，变成现实的价值。在旅游活动中，旅游价值创造与旅游价值实现是不可分割的。缙云烧饼在旅游活动中成为旅游主客体之间的媒介，使双方共同的旅游价值得以转化并得到了升华。

（三）烧饼制作的社会价值

中华民族的传统美德超越时间和空间，贯穿于历史发展的每一个时期和每一个领域，是滋养社会主义核心价值观的宝贵营养。在历史上，缙云民间“修身、齐家、治国、平天下”的儒家思想深深浸润着当地社会各个阶层，堪称一大特色。即使是一介平民百姓也不乏这种社会责任感，“天下为公”共担社会责任的意识很强。大家都由“明德”而“新民”，进而实现社会的“至善”。这与当代社会倡导的“助人为乐、团结友爱、见义勇为、尊老爱幼、尊师重教”的价值观一致。

50多个缙云烧饼师傅义卖为“再患病”女孩捐款

缙云烧饼天津店烧饼哥阿华驰援武汉

慷慨赈济、乐善好施的

5天收入8000多元！“缙云烧饼”香飘四川南江

缙云农业农村 2019-07-08 18:00

南江县第一家“缙云烧饼”店

“开业5天来，光卖饼子就收入8000多元，每天都有很多人来吃缙云烧饼，生意好的很，还带动其他食品销售，好巴适！”7月6日，四川南江县的贫困户张海燕乐呵呵地忙着烤饼。几天前，她在南江县沙河镇开出了当地第一家“缙云烧饼”店。

四川省南江县扶贫报道

遗风成为一种地域文化，浸润到缙云的每个角落，成为一种文化基因，一直影响到了当代的缙云社会。毫无例外，从事烧饼业的烧饼大师和数万缙云民众受到了这种文化浸润与影响。缙云烧饼大师和绝大多数缙云烧饼师傅无时无刻不表现出强烈的社会责任感，这种责任感又无时不刻在血液里流淌，并且体现在具体的行动当中。2015年08月20日，赵一均等缙云烧饼大师带领电大缙云分校的50多位缙云烧饼学员义卖烧饼2000个，为患病学生募得善款12533元。同年，天津滨海新区爆炸灾情牵动着缙云烧饼天津店的烧饼师傅王怀华的心，他赶制了100多个烧饼，买了很多矿泉水驾车送往现场，并积极参加志愿服务。而卢窕娃几乎每年清明节都要回乡孝敬全村老人吃烧饼。朱慧英还先后受缙云县人力资源和社会保障局、缙云县农业农村局、丽水市残疾人联合会指派，前往四川省南江县创办烧饼培训班，为青田县农民、丽水残疾人举办公益烧饼培训班，协助政府完成扶持结对工作。自 2017 年起，吕坚海主动参与政府举办的“全国扶贫日义卖烧饼”“庆丰收”“爽面节募捐”等活动。烧饼大师周凯利用政协委员的身份，积极为缙云烧饼发展建言献策。吕杰飞致富后还热衷公益事业，带领大家共同致富，积极出谋划策，建立缙云烧饼师傅交流群，在群中交流技艺，探讨经营理念、职业道德等，使缙云烧饼整体形象快速提升。他带动了一批人走共同富裕之路，还拿出一部分资金回馈社会，做公益慈善、保护环境等。

共同富裕是全体人民通过辛勤劳动和相互帮助最终达到丰衣足食的生活水平，是新时代中国特色社会主义思想的重要内容之一。共同富裕不是同时富裕，而是一部分人一部分地区先富起来，先富的帮助后富的，逐步实现共同富裕。而这些思想，在烧饼师傅身上都有着惊人的表现。他们不忘共同富裕的初心和使命，无偿地响应政府号召举办烧饼培训班，帮助村民开展相关技能培训，教会技术的同时还将经营方式教给徒弟和学员，让他们走上自我谋生和共同富裕的道路。赵一均、朱慧英、吕杰飞、吕坚海、黄多通、黄伟光等都不同程度培养了成千上万的烧饼徒弟和学员。赵一均一人就培养了近万烧饼从业人员；卢窕娃出生地的卢秋村

扶贫日活动

总共 300 人，全村主要骨干劳力有 100 多人都跟着她做烧饼致富。不可否认的是，他们首先是为满足自己公司烧饼人才需要，但更多是为一批尚处在困难中的亲戚朋友、老乡，甚至是陌生的外乡人提供一个创业机会。仅从已经为 4 万缙云农民实现创业致富这一点看，缙云烧饼师傅对当地社会所做出的贡献十分巨大。除了烧饼大师的义举之外，其实在缙云烧饼队伍中还有许多鲜为人知的故事。他们在缙云县委、县政府的大力倡导下，不记名、不计报酬为社会服务的举动，还是被许多群众看在眼里，文中就不再一一列举。习近平总书记强调，要注意把社会主义核心价值观日常化、具体化、形象化、生活化，使每个人都能感知它、领悟它，内化为精神追求，外化为实际行动，做到明大德、守公德、严私德。缙云烧饼师傅的公益帮扶就是培育和践行社会主义核心价值观日常化、具体化、形象化、生活化的具体体现。在缙云甚至在全社会为广大公众树立起了缙云人良好的社会形象。烧饼师傅种种具有社会责任感的具体行动，在缙云县成为中国特色社会主义道德教育的一道美丽风景，也是烧饼的社会价值的充分体现，这是优秀传统文化构建社会主义核心价值观的成功之处，也是我们保护传承优秀的非物质文化遗产的初心和使命。

赶集

五、烧饼品牌建设和弘扬发展

新时期以来，以缙云烧饼为题材的多种形式的文艺作品相继出现。缙云县文旅部门协同有关单位组织创作了多个以烧饼为题材的文艺作品。

五、烧饼品牌建设和弘扬发展

据不完全统计：至 2021 年底，缙云县在外经营从业人员达到 2.3 万人。有 661 家缙云烧饼示范店分布全国 20 个省市区。缙云烧饼进驻全国 5 省市的 50 个高速公路服务区；省内外 50 多所大

缙云烧饼及相关产业数据统计表

年份	烧饼产值（亿元）	从业人数（人）	授权数量个数（个）	示范店数量（个）	普通门店（个）	补助示范店（个）	示范店补助资金（万元）
2014	4	3000	133	86	1000	38	89
2015	7	7000	398	230	2500	93	165.6
2016	10	11000	587	350	3500	94	143.5
2017	15	15000	716	431	5000	84	124.5
2018	18	17000	838	485	6000	73	102
2019	22	19000	930	521	7000	42	68.5
2020	24	21000	1007	851	7000	40	63.5
2021	27	23000	1109	661	8000	31	59.5

烧饼产值/亿元

从业人数

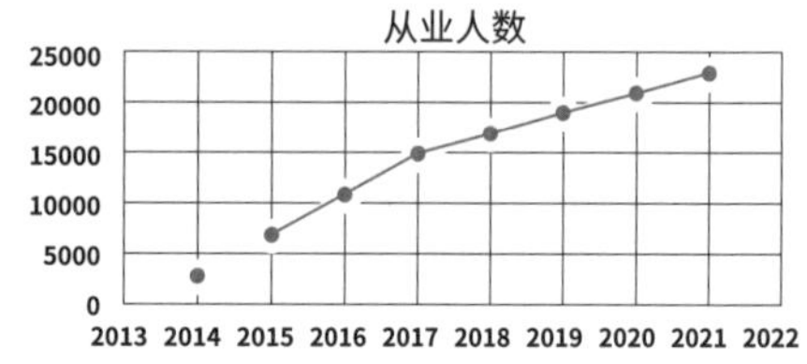

示范店和普通店数量

补助扶持资金

缙云烧饼总部

缙云烧饼杭州总部

缙云烧饼宁波店

缙云烧饼方岩服务区店

缙云烧饼广东中山店

美国安克雷奇缙云烧饼店

西班牙缙云烧饼店

学食堂开设窗口，同时缙云烧饼已经成功进驻省、市政府机关食堂，浙江省委党校机关食堂；缙云烧饼不断进驻大中城市美食街、交通枢纽、大型超市、大型农家乐。从事本产业人员全县覆盖率达到 80%以上。缙云烧饼分布国家有柬埔寨、菲律宾、越南、澳大利亚、埃塞俄比亚、加拿大、意大利、西班牙、罗马尼亚、智利等。

【壹】烧饼品牌建设及取得荣誉

缙云县委、县政府在烧饼产业发展过程中，十分注重品牌的建设与维护。从广泛发动全社会设计缙云烧饼商标入手，实施“六个统一”和“两个集中”策略，即统一培训内容、统一注册商标、统一制作工艺、统一经营标准、统一门店标准、统一原料标准、集中宣传营销、集中挖掘文化。进行军团、连锁化运营，打造了缙云烧饼整齐划一的形象，耳目为之一新，彻底改变了之前“路边摊”的形象。从酝酿烧饼产业之初始终以“精品意识”为指引，谋划越精细、用力越精准，产业发展就越迅猛。

（一）烧饼品牌标准化建设

缙云县缙云烧饼品牌建设领导小组集社会各界智慧，确定缙云烧饼 Logo 图案，制定缙云烧饼制作规程标准，完善缙云烧饼品牌视觉识别系统，成立缙云烧饼协会。又与丽水市市场监管局、丽水市质量监督检测院合作制定《缙云烧饼示范店规范》，从门店、服务、经营等方面明确规范，同时组织人员对示范店进行大走访、大调查，为加强对示范店的管理夯实了基础。

缙云烧饼示范店一均店

缙云烧饼品牌标志

统一培训内容。依托县域的教育培训资源，建立缙云烧饼师傅培训实践基地，开展免费培训；根据学员的不同需求，设置培训计划和授课内容，统一编写教材。同时，在缙云县职业中专开办缙云烧饼师傅创业班，让产业、文化与校园教学相结合，建立长效机制，形成梯级后备劳动力支撑。

统一注册商标。组建缙云烧饼协会，举办缙云烧饼 Logo 有奖征集大赛，评出缙云烧饼 Logo 图案，申请注册缙云烧饼地理标志证明商标。加强行业管理，支持协会正常开展工作。“缙云烧饼”标准店门头采用的是著名书法家韩天衡的题字。

统一制作工艺。为保留缙云烧饼的传统风味，传承缙云烧饼的制作工艺，制定缙云烧饼等传统小吃制作规程标准，经质量技术监督部门备案后，在行业内推广实施。

统一经营标准。在缙云县缙云烧饼品牌建设领导小组办公室、缙云县缙云烧饼协会的指导下，按照工商、卫生等职能部门的相关规定以及缙云烧饼品牌建设的总体要求，挖掘传统小吃品种，制定卫生安全标准，制作服装、桌牌、菜单等标牌标志，制定服务标准，规范服务用语，保证产品品质，维护缙云烧饼区域品牌。

统一门店标准。鼓励支持缙云烧饼师傅自主创业或创办餐饮公司，在全国各地建制镇以上的城镇开设缙云烧饼示范店。缙云烧饼示范店必须具备两个基本条件：一要经营缙云烧饼等传统小吃，持有缙云烧饼师傅技能证书，获得餐饮服务食品安全监督量化等级评定 C 级以上；二要主动加入缙云烧饼协会，承诺在经营过程中执行缙云烧饼等传统小吃的制作规程，并自觉接受相关部门和协会的监督管理，维护缙云烧饼品牌形象。

根据店容店貌、经营场所（面积大小、设施好坏）、饮食卫生、食品质量、风味特点，验收示范店是否合格。

统一设计的门头招牌

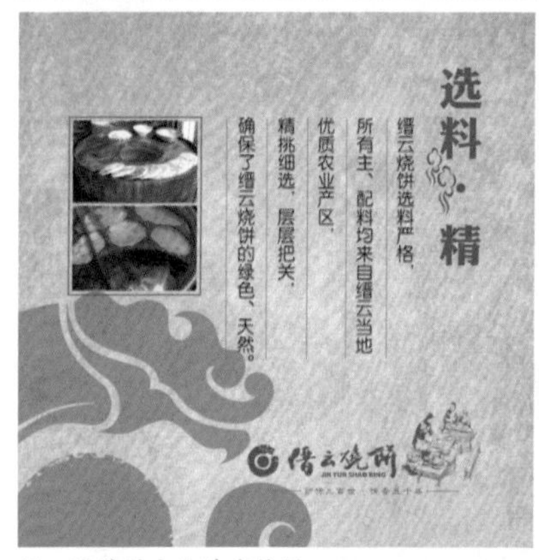

统一设计的文化墙宣传图

门店经营面积（含厨房、餐厅）30 平方米以下，经营缙云烧饼等传统小吃品种不少于 2 种，给予奖励 1 万元。

在学校、商城、机关食堂、A 级景区、高速公路服务区等，开设缙云烧饼示范窗口，给予奖励 1 万元。

门店经营面积在 30—45 平方米，经营缙云烧饼等传统小吃品种不少于 4 种，给予奖励 1.5 万元。

门店经营面积在 45 平方米以上 60 平方米以下，经营缙云烧饼等传统小吃品种不少于 6 种，给予奖励 2 万元。

门店经营面积在 60 平方米以上，经营缙云烧饼等传统小吃品种不少于 8 种，分就餐区、销售区和操作区三部分，且店内布局合理，给予奖励 3 万元。

鼓励组建缙云烧饼等传统小吃的餐饮公司，以开连锁店方式运营推广缙云烧饼品牌，奖励标准参照执行。

机场、高铁站、网上等特定区域范围内开设的缙云烧饼示范店（窗口），实行特事特办、一点（店）一议的奖励政策。

在缙云烧饼示范店中，评出“五好示范店”（店容店貌、品种质量、卫生安全、文明服务、经济效益）给予表彰及每店 5000 元奖励。

实行小额贷款贴息。缙云烧饼示范店经营者经缙云烧饼品牌授权后，凭授权协议可向指定的金融机构提出小额贷款申请，金融机构按程序办理一年期 10 万元以内的小额贷款。贷款到期清偿本息后，凭到期结息单向缙云烧饼品牌建设领导小组办公室申请贷款利息补助，一次性给予经营者贷款利息 50%的补助。

统一原料标准。积极鼓励创建缙云烧饼产业原材料生产与加工基地，对通过质量安全认证的缙云菜干等原材料生产与加工基地给予一定的补助。

集中宣传营销。策划设计缙云烧饼品牌视觉识别系统：统一缙云烧饼示范店标准，统一制作缙云烧饼 Logo 等标牌标志、缙云烧饼系列产品的包装。充分发挥各类媒体的宣传作用，全力宣传推广缙云烧饼品牌创建的新思路、新举措、新成效，强化典型示范引导，让缙云烧饼产业实现自主创业发展和品牌连锁推广。

设立缙云烧饼品牌建设特别贡献奖。对缙云烧饼品牌建设工作贡献大的单位和个人进行评优表彰；并在缙云烧饼示范店中，评出“五好示范店”（“五好”指店容店貌、品种质量、卫生安全、文明服务、经济效益五个方面俱佳）给予表彰。

对被列为各级非物质文化遗产名录的缙云烧饼传承人基地、缙云烧饼代表性传承人以及缙云烧饼传承人推广基地给予表彰。

由缙云县缙云烧饼品牌建设领导小组办公室起草、丽水市质量技术监督局发布的《缙云烧饼制作流程地方标准规程》，从缙云烧饼的术语和定义、配备设施、燃料、原辅料要求和制作方法，并适用于缙云烧饼制作，小麦粉、食品添加剂、碳酸氢钠、鲜（冻）畜肉卫生标准、食用盐、生活饮用水卫生标准、木炭和木炭试验方法、竹炭等方面科学合理地作出具体量化的标准规定。

缙云县卫生主管部门制定《缙云烧饼示范店卫生标准操作规程》，对使用碗筷、盘、盆、砧板、加工人员的手或手套、工作服等使用都有具体规定。

（二）缙云烧饼取得的荣誉

自 20 世纪 80 年代起，在各级政府和领导的关心支持下，缙云烧饼一路走来，连续不断地获得各级政府部门及社团表彰奖励，筑起了一堵满满当当、绚丽夺目的荣誉墙：

1989 年，被省商业厅评为“省优质点心”。

2008 年，列入丽水市非物质文化遗产名录。

2014 年，获得“浙江名小吃”荣誉称号。

2015 年，获得“中华名小吃”荣誉称号；荣获浙江农业博览会优质产品金奖；荣获丽水市商标品牌故事演绎活动一等奖；荣获中国浙江（国际）餐饮产业博览会金奖；获中国餐饮协会颁发的“餐饮业质量系认定证书”。

2016 年，缙云县缙云烧饼协会荣获浙江省五一劳动奖状；荣获第六届浙江厨师节点心展评活动金奖；荣获首届“中国金牌旅游小吃”；荣获浙江农业博览会优质产品金奖；荣获浙江农博十大区域公共品牌农产品；荣获浙江金秋购物节精品展会奖；缙云烧饼制作技艺被列入第五批浙江省非物质文化遗产名录。

2017 年，荣获浙江农业博览会优质产品金奖；荣获浙江十大农家特色小吃；成功注册欧盟证明商标；在浙江省名点（名小吃）选拔赛荣获优秀作品奖；被选为“舌尖上的浙江——浙江农业博

浙江省五一劳动奖状

浙江省总工会
二〇一六年四月

CCA

浙江·缙云
小吃文化地标城市

证书编号：CCA-A100071
颁发日期：二〇一九年九月
查询网址：www.ccas.com.cn

中国烹饪协会
China Cuisine Association

授予缙云县：

浙江小吃之乡

浙江省餐饮行业协会
二〇一八年八月

缙云烧饼所获的部分荣誉

中华人民共和国文化和旅游部

政府信息公开

国务院关于公布第五批国家级非物质文化遗产代表性项目名录的通知

各省、自治区、直辖市人民政府，国务院各部委、各直属机构：

国务院批准文化和旅游部确定的第五批国家级非物质文化遗产代表性项目名录（共计185项）和国家级非物质文化遗产代表性项目名录扩展项目名录（共计140项），现予公布。

各地区、各部门要以习近平新时代中国特色社会主义思想为指导，按照《中华人民共和国非物质文化遗产法》和《国务院办公厅关于加强我国非物质文化遗产保护工作的意见》（国办发〔2005〕18号）要求，坚持以社会主义核心价值观为引领，贯彻"保护为主、抢救第一、合理利用、传承发展"的工作方针，扎实做好非物质文化遗产代表性项目的保护、传承工作，切实提升非物质文化遗产系统性保护水平，为实现中华民族伟大复兴的中国梦提供强大精神力量。

国务院

2021年5月24日

第五批国家级非物质文化遗产代表性项目名录

（共计185项）

一、民间文学（共计12项）

序号	项目编号	项目名称	申报地区或单位
1373	Ⅰ—156	八大处传说	北京市石景山区

国家级非物质文化遗产代表性项目名录扩展项目名录

（共计140项）

一、民间文学（共计9项）

序号	项目编号	项目名称	申报地区或单位
1	Ⅰ—1	苗族古歌（簪汪传）	贵州省贵阳市清镇市

八、传统技艺（共计36项）

传统面食制作技艺（缙云烧饼制作技艺） 浙江省丽水市缙云县

序号	项目编号	项目名称	申报地区或单位
943	Ⅷ—160	传统面食制作技艺（缙云烧饼制作技艺）	浙江省丽水市缙云县

荣誉证书

览会金奖"产品鉴赏推荐会推荐食材。

2018 年，成功注册地理标志证明商标；荣获"浙江小吃之乡"的称号；荣获浙江农业博览会优质产品金奖；缙云烧饼品牌建设荣获浙江省民生获得感示范工程；荣获"丽水山耕"十佳拳头产品荣誉称号；荣获最受欢迎的旅游美食 TOP10。

2019 年，荣获中餐特色小吃；全国创业就业服务优秀项目；中国小吃文化地标城市。

2020年，成功入选全国乡村特色产品名单和浙江省首批文化和旅游IP库；缙云烧饼产业扶贫入选浙江省精准扶贫十大案例；浙江省首届乡村美食大会技艺比赛，缙云烧饼获得了农家特色小吃金奖。

第 1639368? 号
商标注册证
（地理标志证明商标）
核定使用商品/服务项目（国际分类：30）
注 册 人 缙云县缙云烧饼协会
注册日期 有效期至
局 长 发证机关
商标局

餐饮业产品质量体系认定证书
缙云县缙云烧饼协会
缙云烧饼
中华名小吃

商标注册证书和质量体系认证证书

2021年，缙云烧饼制作技艺被列入国家级第五批非物质文化遗产名录。

【贰】烧饼品牌的宣传推广

近年来，缙云烧饼进行品牌化运作，恰是对缙云烧饼以及缙云地方文化的传承和创新。通过提炼民间传说和讲好品牌故事，与新时期缙云人文精神相结合，品牌文化与黄帝文化相结合，美食文化与非遗文化相结合，为缙云烧饼品牌注入丰富的文化内涵。通过举办缙云烧饼节、开展文艺活动、主流媒体亮相、编印宣传画册等，切实做好文化与缙云烧饼产业协调发展，引起了国内外极大的关注，提供了对外宣传交流的机会，提高了缙云烧饼品牌知名度。

被誉为“烧饼书记”的时任缙云县委书记朱继坤，亲自在中共中央政策研究室杂志《学习与研究》撰文宣传缙云烧饼，传为美谈。文章描述缙云烧饼从路边摊走向品牌店，从小县城迈进大都市，从谋生技转为致富经取得的成功之道。他指出，“缙云烧饼”现象归根结底是推动资源贫乏农村，实现“绿富美”的一种发展模式。他列举了缙云“绿富美”的成绩：一是小烧饼打造了大产业。通过“六统一”的品牌建设，实现了“一业兴百业”。二是小烧饼促进了大民生。通过缙云烧饼大抓民生实事。培训出现“爆棚”现象，甚至有老外专门跑来拜师学艺。三是小烧饼蕴含了大文化。缙云烧饼承载的历史文化内涵，结合旅游，成为旅游开发

“烧饼书记”——朱继坤的漫画

新亮点，提高了缙云的美誉度和知名度。朱继坤用三个精准来概括缙云烧饼扶贫的启发：一是精准的视角审视：“烧饼办”“烧饼班”“烧饼节”，“一笔写到底”，推动缙云烧饼产业品牌化，小烧饼促进了大民生。二是精准的思维谋划：“一个烧饼”为龙头，“产业开发 +”“光伏助农 +”“技能培训 +”等，三是精准“滴灌”。精准的措施推进：借缙云烧饼之势，打造“新引擎”，“一个烧饼 +++”。文章先后在中央党校《学习时报》《人民日报》《农民日报》《浙江日报》《光明网》等党刊和主流媒体转载引用。浙江省委省政府领导也多次引用、点赞缙云烧饼为脱贫攻坚、共同富裕、乡村振兴的典范。浙江电视台影视频道的《执着的味道》、

人民日报

RENMIN RIBAO

2015年10月16日 星期五 11 政治

微观 不弃微小 方成善政

“小烧饼”启示发展大思路

浙江省丽水市委常委、缙云县委书记 朱继坤

群众“小打小闹”的经济活动，经过党委、政府因势利导，点燃创业创新的热情和激情，就可以成为脱帽“欠发达”、实现“绿富美”的良策

“炉传三百世，饼香五千年”。去年以来，“缙云烧饼”持续走红，在各地开出授权门店136家，全年营业收入达3亿元。可以说，“小烧饼”登上了“大舞台”，打造了“大产业”，促进了“大民生”。

“缙云烧饼”现象的背后，是经济欠发达的地区，推动农村富余劳动力从事第三产业，走特色发展、绿色发展、和谐发展路子的一种模式。由此可见，群众“小打小闹”的经济活动，经过党委、政府因势利导，点燃创业创新的热情和激情，就可以呈现出星火燎原之势，成为脱帽“欠发达”、实现“绿富美”的良策。

新常态下，如何处理市场和政府的关系？党委、政府要做“服务员”，更好地营造公平竞争的市场环境。有人认为应当“抓大放小”，言外之意是小烧饼不值得抓。缙云县委、县政府先后成立“烧饼办”、开办“烧饼班”、举办“烧饼节”，制定管理规定，落实资金补助，把行政推动和市场运作有机结合起来，强化“缙云烧饼”产业的品牌建设。

一个地方如何处理富民和强县的关系？过去人们重视大块头的强县产业，轻视产值贡献低的富民产业。“缙云烧饼”现象说明，这种轻视至少是不完善的。缙云县既重视“顶天立地”的骨干，更重视“铺天盖地”的草根；既以龙头企业为带动，也努力营造大众创业、万众创新的氛围。

富民产业的培育让我们找到了农民增收的“新引擎”，适时叫响了“一个烧饼三个家家”的口号，即：发展家家乐（农家乐）、家家店（电子商务）、家家做（来料加工）及“缙云烧饼”产业。去年，农家乐营业收入突破2亿元，发放来料加工费28亿元，农村电子商务实现收入8亿元。这样的富民增收举措，发挥了本地优势，推动了产业结构调整，成效更好，也更加持久。

马国英绘图

人民日报报道《小烧饼启示发展大思路》

央视在缙云拍摄“缙云烧饼”专题节目

CCTV-2《第一时间》中国早餐的《浙江丽水缙云——外脆内香的缙云烧饼》、浙江电视台《翠花牵线》栏目组、丽水电视台文化休闲频道《绿谷采风》栏目都播出了“缙云烧饼”专题节目。中央电视台教育科技频道、中国教育电视台及主流网媒新华网、凤凰网、新浪网等做专题报道，广获赞誉。主流媒体的大幅度轮番宣传，极大地推动了缙云烧饼的社会美誉度和可信度，几乎胜过所有通过商业投放的广告所产生的效应。

缙云利用每年黄帝祭祀庆典活动，在缙云特色小吃节的基础上创办“缙云烧饼节”，将缙云烧饼的品牌推广与缙云其他传统特色小吃融入在一起。2014—2021 年，缙云县先后举办了八届“缙

10 多个国家的驻华使节观摩缙云烧饼师傅技能大赛

云烧饼节”。首届“缙云烧饼节”设有 94 个摊位，3 天时间总营业额达 132 万元，游客量 20 多万人次。第二届“缙云烧饼节”参展业主 171 家，参加项目有敲肉羹、柴灰粽、手工麻糍、玉米饼等 90 多个，5 天营业额 251 万多元，游客量 100 多万人次。第三届“缙云烧饼节”，有 175 位业主参展，披萨、义乌东荷肉饼、安徽吊炉烧饼等国内外 200 种特色美食产品同时参展，5 天时间营业额 482 万元，同比增长 92%。10 多个国家的驻华使节来缙云参加了公祭轩辕黄帝及缙云烧饼节。第五届“缙云烧饼节”与浙江名小吃（名点心）全省选拔赛联合举办，进一步丰富了黄帝文化节庆活动，增强了节庆活动的可看性。第七届“缙云烧饼节”结合国际消除贫困日，以“丰收富民同心扶贫”为主题，大力宣传缙云农民增收和扶贫开发的经验做法，进一步增强贫困户的脱贫信心。浙江省人民政府主办 2021 中国仙都祭祀轩辕黄帝大典期间，第八届“缙云烧饼节”在新建镇笕川花海举办，共实现了 300 多万销售额。经过 10 年“长跑”，“缙云烧饼节”已成为享誉省内外的美食节庆。这不仅是缙云小吃产品的一次集中展示，还是缙云小吃文化的一次全面绽放，更是对缙云小吃“金名片”的一次公开检阅。此外，还举办缙云烧饼师傅技能大赛，大力开展烧饼研

中国意大利文化艺术节

2014年浙江农博会

第四届中国农民丰收节

学活动、举办多场对外文旅推介会等。缙云烧饼参加多届浙江省农博会、上海农博会等知名展会，连续多年获得了浙江厨师节金奖、浙江省农博会金奖、“金牌旅游小吃”的荣誉；并参加了香港国际美食节和意大利米兰中国文化艺术节，实现品牌推广和产品销售的双创收。节庆活动推介和展示了缙云小吃传统特色文化和特色产品，不仅提升了“缙云烧饼”的品牌知名度，还展示了其他的缙云草根美食，成为缙云产品展示、交易的大平台。

基地小虎倾情演唱缙云烧饼

新时期以来，以缙云烧饼为题材的多种形式的文艺作品相继出现。缙云县文旅部门协同有关单位组织创作了多个以烧饼为题

缙云烧饼制作搬上舞台

材的文艺作品，创编的婺剧《烧饼缘》在丽水市品牌故事演绎中获得第一名，创作的戏剧《缙云烧饼》在缙云县各地进行巡演，深受观众一致好评。缙云籍歌手基地小虎《缙云烧饼》歌曲唱响大江南北，收到了很好的效果。这些大众文艺创作演出活动，充分展示了烧饼师傅的良好形象，同时也进一步扩大了缙云烧饼的社会知名度和影响力。

2016 年，缙云县投资建造了缙云烧饼文化展示中心，该文化展示中心位于国家 5A 级风景区——仙都轩辕街中段南侧，总占地面积 4000 多平方米，建筑面积 1200 平方米，总投资 1200 多万元。建筑为全木结构，风格古朴典雅，与黄帝祠宇遥相呼应。主体建筑分缙云烧饼文化展厅、缙云烧饼总店、缙云烧饼体验馆、戏迷文化驿站四个部分。缙云烧饼文化展示中心主要通过展板和实物来展示烧饼文化，展板图文并茂，内容反映缙云烧饼的历史和起源、缙云烧饼的故事和传说、古代烧饼的经营方式、烧饼制作流程、烧饼制作技艺传承谱系、烧饼大师介绍、缙云烧饼注册商标、缙云烧饼历年来荣获的各种奖项以及烧饼产业发展分布图等。实物陈列有老烧饼担子、面饺担子、风箱、东山炉芯和一些与烧饼相关的实物和制品。缙云烧饼总店是一个以经营缙云烧饼为主、兼营缙云地方特色小吃的示范性经营门店，在这里还可以买到绿色生态的缙云七彩农业农产品；缙云烧饼体验馆由透明厨房和体

缙云烧饼文化展示中心俯视图

缙云烧饼文化展示中心文化展厅

验长廊两部分组成，游客可以通过玻璃浏览缙云烧饼制作全过程。同时可以在体验长廊亲自动手，体验和面、揉面、发面、做坯、入馅、烤饼等流程，了解烧饼制作技艺，享受一番自己动手的乐趣。戏迷文化驿站设有 400 多平方米的观众席和 50 多平方米的舞台，每周四、五、六晚都有精彩的婺剧表演，游客和观众可以在这里吃烧饼、看乡戏、品乡愁。

缙云烧饼文化展示中心是一座活态的文化陈列空间。随着近年来烧饼产业的快速发展，它不仅仅具有保护和传承非物质文化遗产、宣传推广烧饼品牌文化的功能，同时也有力推动了缙云乡

戏迷文化驿站

烧饼体验馆

德国青少年在体验烧饼制作

村振兴和旅游业的发展。

【叁】烧饼制作的学术研究

缙云烧饼的学术研究最早在缙云当地的乡土学者中展开。他们收集整理了大量有关烧饼制作技艺的历史文献、地方志和家谱等，为烧饼桶、烧饼担子、风箱、炉芯、古窑址等相关实物拍摄了不少的照片，记录了大量烧饼师傅的谈话录，撰写调查报告，为编纂出版《缙云烧饼，追的是绿富美》《乡愁记忆：缙云烧饼》等专著提供了参考和借鉴。2014 年，缙云籍知名新闻传播学者赵月枝创建了缙云县河阳乡村研究院，致力于家乡的社会经济和文化发展研究。此时，正值缙云烧饼产业品牌培育的关键期。赵月

与烧饼相关的图书

枝教授及时介入，以“缙云烧饼品牌建设项目评估研究”作为河阳乡村研究院成立后的第一个服务于地方经济发展的科研项目。赵月枝教授当时不仅是加拿大西蒙菲莎大学特聘教授，而且是中国传媒大学教育部长江学者讲座教授，有广阔的学术视野和广泛的中外学术资源。她不但用全新的学术视角来研究缙云烧饼产业，而且先后把两位中国传媒大学的年轻学者带到缙云作为研究主力。在三个月时间内，赵月枝教授团队通过电话、微信、邮件以及最传统的面对面采访，走访烧饼店铺、路边摊 59 家，访问缙云烧饼从业人员 165 人，采访政府有关部门负责人、丽水餐饮连锁机构负责人 12 人，电话访问烧饼师傅 95 人，街访缙云群众 125 人，还通过线上问卷的形式着重调查受访人的用餐体验和对烧饼未来发展的意见。2015 年初，赵月枝教授团队写了 130 多页，共 6 万字的第一篇研究报告《舌尖上的缙云，烧饼中的乾坤——缙云烧饼品牌推广与产业培育评估与建议》。在 2015 年 3 月底于缙云举办的第一届河阳论坛暨乡村、文化

赵月枝教授

与传播学术周上，来自全国高校的知名新闻传播学者和文化产业学者、缙云县委县政府领导、相关部门负责人、全县乡镇干部以及缙云烧饼师傅等各界人士欢聚一堂，围绕赵月枝教授团队的研究成果，对缙云烧饼产业的发展进行了热烈的讨论，形成了政产学研有机联动、合力助推缙云烧饼产业发展的生动局面。

舌尖上的缙云
烧饼中的乾坤

缙云烧饼：从民生工程到新发展理念
（讨论稿）

中国传媒大学传播政治经济学研究所&河阳乡村研究院
烧饼品牌推广联合课题组
2016-4

赵月枝教授的研究课题成果

2015 年 6 月 30 日，《浙江日报》对该团队的研究做了题为“一位国际级学者用 6 万字诠释一道乡土小吃——缙云烧饼：从民生走向学术”的整版报道，充分肯定了学术研究在推动缙云烧饼产业发展中的作用。此后，河阳乡村研究团队对缙云烧饼产业在富民增收及其所体现的发展模式方面进行了更加深入与全面的研究，于 2016 年完成了一个 7 万多字的《缙云烧饼：从民生工程到新发展理念》的研究报告。赵月枝教授所带领的团队的前沿性研究，在引领缙云烧饼产业的健康发展、扩大媒体宣传和品牌知名度、维护这一品牌的公共性和普惠性等方面，起到了积极的推动和引导作用。

赵月枝团队研究认为，经过七八年的努力，缙云县的“缙云烧饼产业发展与品牌建设计划”，取得显著成果。群众小打小闹的经济活动，经党委政府因势利导、机制创新，焕发万众创业激情，成为主动“脱帽欠发达”、实现“绿富美”的良策，形成了“缙云烧饼”现象，十分成功。但随着烧饼产业逐渐崛起和品牌知名度的提升，资本尤其是外地资本的进入，对烧饼产业发展的影响力逐渐增强。松散的组织和薄弱的产业结构，将使缙云烧饼这一全缙云人民的公共品牌面临“为他人做嫁衣裳”的窘境。因此该团队认为：烧饼“品牌化、标准化、特色化”加“组织化”（“公司化”）的“四化”建设，是产业做大做强和“共建共享”的必由之路。课题组研究的结论是，从宏观的产业策略、宣传推广，再到微观的个体发展，缙云系列举措的力度基本适应自身现实条件。

赵月枝受聘中国传媒大学教育部长江学者讲座教授时，就把自己的研究方向定为“文化、传播与中国城乡协调发展”。缙云烧饼产业发展为她的研究提供了一个绝佳的样本——从原先没有组织的、零散经营的状态，到县里统筹有组织有策略的推广，烧饼就是一个让理论“落地到村庄”的样本。由此出发，通过乡村的力量，撬动学术和知识资源，为广大乡村的未来发展助力。中国传媒大学传播政治经济学研究所的助理研究员龚伟亮通过研究认为，缙云烧饼产业的确属于文化产业，缙云每年都有千余名师傅挑着特制烤桶走出山城，远赴他乡谋生，将缙云味道沁入城市的边边角角。从县城的人来人往、车马杂喧，到壶镇小巷的幽谧深远、石板绵绵，我们在那股略带咸香的霉干菜味儿里捕捉一代人的味蕾，寻觅一座城的美食记忆。

另外，缙云籍作者周亚君撰写了《缙云烧饼海外推广困境及策略研究》《做精特色产业的探索和实践——以缙云烧饼为例》分别刊于《农村经济与科技》和《中国民商》杂志。学者郭剑波、郭贞祎撰写《缙云烧饼现象：扎根乡愁经济的理论解读》刊于《汉语国际教育研究》。朱淑霞、李祥南、李博荣撰写《缙云烧饼的乡村产业振兴传奇》刊于《基层农技推广》。杜梦仪撰写《嵌入“浙西南革命精神”的传统美食产业升级策略研究——以缙云烧饼为例》刊于《经贸实践》等。全国各地的学者纷纷加入对缙云烧饼的研究行列中来，形成对“缙云烧饼”现象的广泛关注和理论研究的持久热度。这为缙云烧饼产业发展再次腾飞从理论上提供智力支撑与发展路径。2020 年，缙云县参加了全国美食地标城市高峰论坛，缙云县人大常委会副主任、缙云烧饼建设领导小组组长陈庆源作了经验分享。

【肆】烧饼品牌的弘扬发展

缙云县通过调查研究，在深入分析“缙云烧饼”品牌创建的内在条件与外部环境的基础上，结合省市有关规划要求，提出“缙云烧饼”品牌的总体思路和主要目标。

“缙云烧饼”品牌弘扬发展的总体思路为：全面贯彻落实新时代中国特色社会主义思想，深入实施“两创”总战略；加快实施品牌富民强县战略，坚持以市场为导向、以创新为动力、以管理为保障，提炼、挖掘缙云烧饼的独特价值；运用现代化的商业经营管理思维和方法，增强缙云烧饼的产业竞争力，以缙云烧饼产业为经济支点，撬动缙云旅游产业、特色农产品等地方经济产业的跨越发展，将“缙云烧饼”打造成为引领区域产业经济联动发展的国内著名小吃品牌。以市场理念为先导，整合地区特色资源。树立先进的市场理念，以提升顾客体验为核心，以烧饼为引擎，整合地区特色资源，激发和满足现代消费人群对饮食、旅游、文

2020年全国美食地标城市高峰论坛会场

化、健身等多重现实需求。以项目运作为抓手，强化产业关键环节。积极将缙云烧饼融入特色小镇、美丽乡村等主流项目的建设中，使其成为缙云建设不可或缺的重要部分。同时，将烧饼产业链进行分段重点管理，对原材料保障、品质提升、烧饼研发技术以及文化传播等关键环节进行项目化运作，增强缙云烧饼的产业竞争力。以完善产业链为支撑，培育绿色食品供应链。从产品配方、原材料供应等源头抓起，加强绿色食品的产业链培育，构建具有地方特色和产业竞争力的烧饼产业体系。以创新升级为突破口，转型电商销售模式。通过提升烧饼制作工艺，创新产品技术，在满足需求的同时开拓网络市场，开发电商销售模式，实现线上线下同步销售。

"缙云烧饼"品牌弘扬发展的主要目标为：围绕品牌弘扬发展，积极做大产业规模、培育龙头企业，优化商业模式，提升品牌效益，打造国内知名的小吃产品培育基地。品牌建设成效将获得新突破。目标到2030年，全县从业人数将达6万多人，营业收入达40亿元以上，力争缙云烧饼示范店在全国各县级市区覆盖率达50%以上。品牌发展环境将获得新改善。全面实施品牌战略，力促"缙云烧饼"产品品质、品牌效益和质量信用明显提升。缙云烧饼生产经营者的品牌意识明显增强，营造重视和保护公用品牌的良好氛围，政府部门及全社会推动品牌建设水平进一步提高，引导协会建立健全行业自律公约，不断完善品牌创建、运作、保护机制，使违规经营行为得到有效遏制。产业联动效应将获得新提升。通过“缙云烧饼”品牌建设，进一步探索“互联网+”的发展思路，创新商业模式，进一步做大做强烧饼产业链上相关产业，制定产业链各环节的生产标准、提高产品质量和生产工艺水平，提升产业整体竞争力。以烧饼为龙头，带动缙云其他特色小吃和农产品的发展。树立大缙云的品牌形象，提高缙云的知名度，进一步做大做强缙云区域内旅游经济和农村经济的发展，促进旅游经济和农村人口增收。缙云烧饼产业将贯彻“精、深、新”的发展思路，在保护和传承非物质文化遗产的基础上，制订和实施标准化、品牌化和产业化的产业规划，将传统产业与相关工农产业、乡村文化建设有机结合，以实现最大化的经济效益和社会效益。力争到2030年，“缙云烧饼”能成为中华小吃标准化制售的标杆品牌、传统小吃品牌连锁经营的成功案例、非物质文化遗产创新传承的典型样本。缙云县域成为“以小博大”，传统产品带动农村经济相关产业联动发展的示范基地。

根据“缙云烧饼”品牌弘扬发展总体思路、主要目标与产业培育的内在规律，规划实施“缙云烧饼”品牌弘扬发展路径，分为三个阶段：推广期、深化期和成熟期。区域公用品牌的管理与保护、品牌的创新和可持续发展要求贯穿全过程，成为每一发展阶段的基础和保障。

推广期（五年时间）：做精做优缙云烧饼。研究缙云烧饼的制作工艺，细化烧饼成品的规格要求，规范示范店的服务标准，培育龙头企业，控制店铺的盲目扩张，加强监督检查和控制，确保缙云烧饼在各地的口味能达到最佳预期。实施“互联网 +”创新商业模式，促进农家乐、农村电商和来料加工业的同步发展。配合乡村文化建设，丰富缙云烧饼的文化内涵，进一步完善缙云烧饼的整体形象。

深化期（五年时间）：开拓创新缙云烧饼。以市场终端的需求为导向，深入研究并规范烧饼产业链各个环节的质量监控和技术标准，丰富和壮大烧饼的生产服务类企业，增强产品的研发能力，突破工艺限制，改善产品质量，增强缙云烧饼的工业技术含量，提升缙云烧饼的附加值。积极开发缙云烧饼在各地的本土化改良品种，加强渠道铺设的管控，提高缙云烧饼的市场覆盖率和市场声誉。

成熟期（五年时间）：打造缙云区域品牌生态系统。以运营成熟的“缙云烧饼”品牌为核心，借助缙云烧饼的载体、市场声誉以及前期成功的商业经验，结合缙云相关特色产业，开发新产品，辐射和引导区域内相关产业的增长，促进生态旅游等服务产业以及茶叶等相关农业的发展；进一步做大做强区域内其他特色美食和优质农产品的市场扩张和品牌建设，树立缙云的整体区域品牌形象。

（一）优化品牌建设环境，完善基础设施建设

优化缙云生态城市形象，吸引烧饼产业相关薄弱环节入驻，将缙云提升为具有国内外影响力的烧饼研发、生产和培训基地。营造区域内重视“缙云烧饼”品牌建设、爱护“缙云烧饼”品牌的社会氛围。依法维护区域内生产经营者的合法权益，严格明确烧饼制售者对区域品牌专用权的使用规范。严厉打击滥用公用品牌、恶意竞争行为，营造良好市场经营氛围。组织各类培训，进一步加快扩大烧饼制作人才培养，为“缙云烧饼”品牌建设提供人才保障。强化生产服务，完善产业基础。整体规划烧饼产业链，强化烧饼产业的生产性服务业，鼓励全县围绕烧饼产业开展草根创业，以带动多个相关产业，促进农村经济的整体发展。加强原料基地建设，借鉴出口农产品基地管理做法，引入“原产地”概念，加强原材料的生态原产地建设。以市级农业标准化生产示范基地建设为目标，以小麦种植业、九头芥菜种植加工和土猪养殖为重点产业，进一步引导建设绿色健康的小麦种植基地、九头芥无公害种植基地、菜干加工基地、无公害养猪基地等原材料生产基地，从源头上保障“缙云烧饼”的原生态和安全健康。发展生产性服务企业，积极鼓励和引入辅助烧饼产业的互联网经营、设备制造、物流运输、包装印刷、软件开发、服务培训等生产性服务企业，完善和强化烧饼产业链的上下游环节，促进烧饼产业的纵深专业化发展。深入推进和落实“一个烧饼三个 +”政策，有效促进农家乐、农村电商和来料加工业的发展，增加广大农村人口就业、创业的机会，实现产业联动效应。培育优质企业，发挥示范效应。选择一定数量具有现实或预期的高成长性企业，以不断提升区域产品市场占有率和品牌美誉度为目标，实施政策倾斜和重点资助，成为行业标杆，发挥示范效应。培育不同业态的优质经营者。根据烧饼市场的商圈规划和竞争格局，对缙云烧饼的经营企业、示范店和个体经营者进行梳理和考察。通过 5 年努力，在区域内扶持 10 家商业龙头企业为标杆企业，30 家品牌授权店为十佳店铺，100 家个体经营者为优秀经营者。通过补助奖励、要素倾斜、服务优先等方式重点支持具有较好品牌基础的品牌授权店、示范店、直营店，创建强势商业品牌。鼓励优秀企业参与“中华餐饮名店”“全国特色餐饮名店”“中国绿色餐饮名店”等商业荣誉称号的评选，以提升品牌层次，对获得更高等级著名商标与名牌产品的商业龙头企业要给予政策支持。扩大优质企业的影响力。在政府所涉范围，包括各类会议、办公、公开场合等，努力增加扶持烧饼龙头企业在国内外市场的曝光率，提高知名度；重点并优先扶持优质企业的品质管理和服务能力，打造“质量示范商店”，

增强企业的社会信任度；鼓励优质企业参与社会公益事务，提升公众美誉度。帮助、扶持有条件的优质经营者开拓海外市场，境外注册商标，积极拓展海外新兴市场。夯实杠杆产业，撬动地方经济。引导产业共识，统一全县产业规划，通过各级政府部门的文件以及各层次媒体，共同引导，形成和营造以缙云烧饼为经济发展支点和杠杆，带动区域内旅游业、乡村文化以及特色农产品共同发展的产业共识和舆论氛围，有计划、有步骤、有重点地进行产业联动发展。做长烧饼产业链，夯实缙云烧饼产业，长久、持续做好缙云烧饼节庆活动，推进烧饼质量工程，完善和促进生产性服务业发展。引入科技革新，保护创新开发活动，让缙云烧饼产业成为真正具有市场竞争力和辐射能力的引擎产业，引发联动效应。将缙云烧饼产业融入区域旅游产业和乡村文化的建设中，充分发挥"缙云烧饼"的市场声誉和乘数效应，深度挖掘区域内中华炎黄文化资源，开拓其他优质特色农产品的国内外市场，培育具有乡土文化特色的产业经济，使缙云烧饼产业与旅游业、特色农产品、乡村文化建设形成共生经济态，总体协调发展。

（二）设计品牌定位，整合营销传播

明确的定位与鲜明的品牌形象是品牌传播的基础。采取以产品特性或制作工艺的定位方式，基于缙云烧饼传统制作工艺和原材料选择，突出传统、绿色、健康，如乡土风味饼，将缙云烧饼定位为一款原生态的健康的民俗食品。整合文化要素，梳理区域内各类文化资源，通过传说、故事、游记、小说、人物传记、民谣歌曲等素材，整理缙云烧饼品牌的文化内涵，突出品牌的文化内核。根据品牌定位，深度挖掘缙云烧饼的制作和发展历史，与缙云人现代的精神文明建设相结合，凝聚和提炼符合时代特征的共同价值观——传承、开拓、坚毅、创新等，并进一步升级非物质文化遗产展示馆建设。多渠道传播品牌，充分利用现有的各类传播方式和传播通道，全方位构建“线上＋线下”的传播网络。运用多种传播方法对“缙云烧饼”品牌进行传播，既注重传统媒体的传播，也注重利用网络媒体与社交媒体，如微博、微信等；既包括广告等传统传播方式，也包括征文等主题活动，或者介绍养生美食等软文广告，以及微电影等新兴传播方式。

（三）完善质量标准，规范产品形象

规范烧饼质量，研究烧饼制作工艺，细化提升《缙云烧饼制作规程》。对于烧饼制作的工艺环节尽量要求做到分类说明和量化，使缙云烧饼制作更加科学规范。细化《缙云烧饼质量标准》，在规范制作流程的基础上，依据市场导向和客户需求，参照标准化经营的先进理念，对烧饼的规格（大小、形状、直径、厚度、重量等）、饼面的厚度、口感、色泽、价格等进行详细规定，规范烧饼成品质量。修订缙云烧饼原材料采购标准、制作工艺标准以及门店形象规范等，提出相关的解决措施，完成质量认证工作，确保缙云烧饼质量形象，突出竞争优势。丰富产品系列，拉长和充实缙云烧饼产品线。传承传统正宗的缙云烧饼做法，保持缙云烧饼的乡土原味和经典口味，保留缙云烧饼的精髓。同时也因地制宜地开发满足市场需求的烧饼新品种，适应不同区域消费者的口味差异，丰富缙云烧饼的产品系列，使经典品种和新兴品种相得益彰。实施质量监测，通过媒体向社会公开进行质量承诺，传播烧饼的质量规范，继续实行在包装纸上二维码的跟踪管理，以方便顾客信息查询和质量反馈。对区域内使用“缙云烧饼”区域品牌的所有经营者，进行烧饼质量检查，对品牌授权店和示范店要重点定期检查。建立产品质量监测体系，定期公布质量检查报告，作为区域内经营者评优评奖的重要依据，对质量未达标的经营者实施强制培训、罚款和取消品牌使用权等处罚措施。

（四）打造交流平台，开发新兴品种

建立学术交流平台，深入开展饮食、健康、养生等科普知识的系列化建设，邀请相关营养学家、养生专家来缙云共同探讨以缙云烧饼为代表的小吃饮食的科学规律，提升“缙云烧饼”的品牌层次。与高等院校、职业学校等单位合作，进行烧饼工艺的研发，攻克传统制作工艺中的难题，如为现代健康理念所顾虑的炭制、烧烤等问题。通过强化烧饼产业链上游环节，保障终端产品的市场竞争力。针对所有使用缙云烧饼的经营者，在现有缙云烧饼培训基地和实践基地建设的基础上，建立品牌成员学习平台，为品牌成员提供继续学习与交流的空间，保持烧饼制作工艺的常态化学习。通过广泛宣传，日常提醒，强化成员的品牌意识，及时发布烧饼行业的最新技术和政策信息，分享创业经验，使品牌成员了解行业最新动态，提高经营者自身素养。鼓励开发新兴品种，缙云烧饼协会可以通过联合高校专业开发新品、聘请行业专家鉴定新品、组织烧饼创新大赛、收集不同地区的民间改良品种等方式开发烧饼的新品种，建设缙云烧饼数据库，积累烧饼的制作工艺、原料、口味等数据，为后期的品种开发奠定基础。

（五）探索商业模式，创新品牌经营

重视商圈规划，做好缙云烧饼经营者的统计工作，根据品牌发展的总体安排，有选择地选定优化发展地区和重点经营区域，并根据各店铺的经营能力和营业辐射范围，做好商圈规划引导工作。指导经营者按照安全距离合理开设店铺，以保证每家店铺的盈利空间，避免出现同业过度竞争的混乱局面，维护和保障缙云烧饼的整体形象。创新渠道建设，在现有产品工艺的前提下，对城乡有影响力、人流量大、人口密集度大的区域重点规划和布置品牌授权店，开拓新的终端渠道；进一步在高速公路服务区、车站码头、社区便利店、大学城、科技园等开设标准示范店，扩大

"缙云烧饼"的市场影响力。开发网络经营，落实"互联网+"发展思路，制定"互联网+"行动计划。在品牌推广期，可充分利用现代网络、信息技术，精心设计"缙云烧饼"的网络平台：包括缙云烧饼官方网站，天猫上的缙云烧饼小吃官方旗舰店等，完善支付宝等各类网银支付，完成相关APP开发，完善嫁接移动互联网的经营条件，明确缙云烧饼的区域定位和品牌形象，探索网络经营的新方式，运用统一的企业形象识别系统，建设和维护缙云烧饼的网络形象。在品牌深化期和成熟期，可利用互联网平台和途径，将相关资源进行整合和跨界融合，创新产业生态，实现缙云烧饼和缙云区域其他名优特产品的联动。尝试移动互联网、大数据技术等现代技术与缙云烧饼及其他相关产业的融合，促进电子商务、产业互联网以及互联网金融等新兴业态的发展，引导并拓展国际市场。探索合作模式，面向各类不同业态的烧饼经营者、原产料供应商以及生产性服务企业，探索不同方式的合作模式，通过品牌加盟、投资合营、战略联盟等方式，寻求多种形式的利益分享机制，创新"缙云烧饼"品牌经营新模式。

（六）完善治理机制，保障品牌声誉

规范品牌使用，积极申请"缙云烧饼"证明商标，并制定《"缙云烧饼"证明商标使用规范》，由行业协会和龙头企业牵头组织、制定包括产品原材料、制作工艺、产品品质、企业资质要求、包装规范等一整套标准，并严格执行，从而建立良好的行业发展秩序。完善行业自律，倡导和开展行业诚信自律活动，进一步净化经营环境和规范经营者竞争行为，提升“缙云烧饼”的整体社会形象和社会公信力。切实推进以次充好、反不正当竞争、卫生安全等行为的整治活动，维护市场秩序和净化市场环境。提高治理能力，设立消费者监督和投诉平台，通过网络、微信、电话、邮件等渠道直接受理消费者对缙云烧饼的投诉、举报、意见和建议；通过抽查、巡视、专项检查等方式，严肃查处和曝光违规行为。对于各类违反集体商标使用规范，烧饼制作流程以及达不到缙云烧饼质量的违规行为，着实查处并公布行为处理结果。建立保障金制度，使用“缙云烧饼”的经营者交纳一定数量的保障金，由烧饼协会统一管理，对于违反规范的经营者实行保障金没收处理，建立行业内经营者风险共担的意识和行为机制。建立淘汰制，制定详细的淘汰准则，定期强制淘汰一定数量的不合格经营者，落实惩罚，取消和剥夺相关待遇，定期更新相应比例的品牌成员，促使经营者重视烧饼质量。落实奖励制度，对于投诉举报经查属实的人员以及各类金点子的提供者，给予及时奖励，以营造全民维护“缙云烧饼”品牌声誉的良好氛围。

后记

缙云烧饼制作技艺列入第五批国家级代表性项目名录，当之无愧，可喜可贺！这是近万名缙云烧饼师傅之大幸，是40余万缙云人民之大幸。一张小烧饼何其之微，而一份烧饼产业却又何其之大，大到了年销售27亿元之巨，大到全县扶贫人口全覆盖，大到成为国务院公布的保护项目。轩辕黄帝在缙云鼎湖峰炼丹发明烧饼是神话传说，而缙云烧饼却实实在在是创造财富的真实故事。大俗之物能够达到大雅境界，缙云烧饼即如是。

缙云出现烧饼的时间大致在南宋时期，当时朝廷通过诏令大力推广小麦种植，以满足北人南迁后的饮食需求。缙云当时也在种植小麦和扩大小麦种植面积，以满足面食原材料所需。吴自牧在《梦粱录》中指出，宋人南渡二百年，水土既惯，饮食混淆，也就无南北之分。同样，处州缙云百姓与南迁人口经百年以上的融合，习惯于面食，甚至还喜爱上了烧饼，由此不断地改进传承，发展至今天的缙云烧饼。缙云是一个丘陵地貌集中的县域，历史上交通相对闭塞，农耕文化的印记保存完好，耕读传家的民风十分浓郁。自然的地理环境和优秀的传统文化，影响着烧饼师傅，形成了独有的品格，他们为烧饼不惜奉献聪明才智，甚至全部人生。“食不厌精，脍不厌细”是古人对美食文化的描述，也是缙云烧饼师做好每一只烧饼的追求。

编者在接到任务之后，一直在思考着缙云烧饼现象。非物质文化遗产的定义是：各族人民世代相传、与人民群众生活密切相关的各种传统文化表现形式和文化空间。由此可见，它是一种生活文化。既如此，吃穿住行相关的传统文化，亦属此范畴。泱泱大国历史悠久、文化深厚。“吃在中国”“舌尖上的中国”等，已成为名片式、品牌式美食的代名词。烧饼同样是“吃”的文化，很有幸成为祖国餐饮文化大家庭中的一员。国务院公布的五批非物质文化遗产名录中，传统技艺类 629 项中与吃相关项目就有 169 项，占 28%。足见这一类项目在国家层面的重视程度。而这些项目除了其本身的历史、文化、旅游、社会、经济价值外，还在国家倡导的精准扶贫、乡村振兴、共同富裕、传统工艺振兴等方面具有独特的魅力，尽显其低成本高产出、低风险高回报、低污染高效益、易复制可推广的优势，样板效应和示范效应十分突出，成为传统文化创造性转换、创新性发展中不可多得的经典案例。

编纂国遗代表作丛书，既是一种责任也是一份义务。缙云县文化主管部门和保护责任单位接到任务后，立即行动，成立组织机构，组建编纂队伍，落实责任分工，制订工作计划。在时间紧、任务重的情况下，推出倒逼机制，相关人员加班加点，保质保量、按时完成了书稿的编写任务。

《缙云烧饼制作技艺》图书，是以缙云县缙云烧饼品牌建设领导小组办公室和缙云县非物质文化遗产保护中心提供的资料、数据、照片为基础材料，重点参考了地方志和一些传统文化相关图书，结合烧饼师傅的口述材料编写而成。其间，赵月枝教授极具分量的研究课题和学术报告、省内专家林敏根据实地采访后提出了许多建设性意见，为本书增添了浓墨重彩的一笔。借此机会，向参加本书编写的领导、专家、学者和工作人员表示衷心的感谢。

由于史料匮缺，加上时间紧迫、水平有限，存在的错误和不足在所难免，但旨在抛砖引玉，有待读者斧正。

编著者

2023 年 1 月

图书在版编目（CIP）数据

缙云烧饼制作技艺 / 李虹等编著 . -- 杭州 : 浙江古籍出版社 , 2024.5
（浙江省非物质文化遗产代表作丛书 / 陈广胜总主编）
ISBN 978-7-5540-2542-0

Ⅰ . ①缙⋯ Ⅱ . ①李⋯ Ⅲ . ①面食—文化—缙云县 Ⅳ . ① TS972.132

中国国家版本馆 CIP 数据核字 (2023) 第 046806 号

缙云烧饼制作技艺

李　虹　丁若时　赵佳敏　马丁云　陈汇丽　编著

出版发行　浙江古籍出版社
（杭州市环城北路177号　电话：0571-85068292）
责任编辑　姚　露
责任校对　张顺洁
责任印务　楼浩凯
设计制作　浙江新华图文制作有限公司
印　　刷　浙江新华印刷技术有限公司
开　　本　960mm×1270mm 1/32
印　　张　6.75
字　　数　150千字
版　　次　2024 年 5 月第 1 版
印　　次　2024 年 5 月第 1 次印刷
书　　号　ISBN 978-7-5540-2542-0
定　　价　68.00 元